2016 中国生态环境统计年报

ANNUAL STATISTIC REPORT ON ECOLOGY AND ENVIRONMENT IN CHINA

中华人民共和国生态环境部 编
MINISTRY OF ECOLOGY AND ENVIRONMENT OF THE PEOPLE'S REPUBLIC OF CHINA

中国环境出版集团 · 北京

图书在版编目（CIP）数据

中国生态环境统计年报. 2016 /中华人民共和国生态环境部编.—北京：中国环境出版集团，2021.7

ISBN 978-7-5111-3400-4

Ⅰ. ①中… Ⅱ. ①中… Ⅲ. ①环境统计—统计资料—中国—2016—年报 Ⅳ. ①X508.2-54

中国版本图书馆 CIP 数据核字（2017）第 279690 号

出 版 人　武德凯
责任编辑　殷玉婷
责任校对　任　丽
封面设计　彭　杉

出版发行　中国环境出版集团
（100062　北京市东城区广渠门内大街 16 号）
网　　址：http://www.cesp.com.cn
电子邮箱：bjgl@cesp.com.cn
联系电话：010-67112765（编辑管理部）
发行热线：010-67125803，010-67113405（传真）
印　　刷　北京中科印刷有限公司
经　　销　各地新华书店
版　　次　2021 年 7 月第 1 版
印　　次　2021 年 7 月第 1 次印刷
开　　本　880×1230　1/16
印　　张　8.5
字　　数　186 千字
定　　价　120.00 元

编 委 会

《中国生态环境统计年报 2016》

各章编写作者

综　述	董广霞
第 1 章　调查对象	董广霞
第 2 章　废水污染物	吕　卓
第 3 章　废气污染物	李　曼
第 4 章　工业固体废物和危险废物	赵银慧
第 5 章　污染治理设施	赵文江
第 6 章　生态环境污染治理投资	李　曼
第 7 章　生态环境管理	王　鑫
第 8 章　全国辐射环境水平	王　蕾
第 9 章　各地区污染排放及治理统计	赵文江
第 10 章　各工业行业污染排放及治理统计	赵文江
第 11 章　各地区生态环境管理统计	王　鑫
第 12 章　主要生态环境统计指标解释	赵文江

编者说明

一、本年报资料覆盖全国 31 个省（自治区、直辖市）及新疆生产建设兵团数据，未包括香港特别行政区、澳门特别行政区以及台湾省数据。

二、本年报主要反映中国环境污染排放、治理及环境管理情况。主要内容包括调查对象基本情况、废水污染物排放情况、废气污染物排放情况、工业固体废物和危险废物产生及处理情况、污染治理设施情况、环境污染治理投资、环境管理和全国辐射环境水平等。

三、统计范围

本年报统计范围为有污染物排放的工业污染源（以下简称工业源）、农业污染源（以下简称农业源）、生活污染源（以下简称生活源）、集中式污染治理设施和移动源。

工业源包括《国民经济行业分类》（GB/T 4754—2011）中行业代码为 05～46 的 42 个大类行业。

工业企业污染防治投资情况的年报范围为调查年度内施工的老工业源的污染治理项目投资，以及当年完成“三同时”环保验收的工业类建设项目环保投资。

农业源包括畜禽养殖业中的大型畜禽养殖场（生猪设计年出栏量≥5 000 头、奶牛设计年存栏量≥500 头、肉牛设计年出栏量≥1 000 头、蛋鸡年设计存栏量≥15 万羽、肉鸡年设计出栏量≥30 万羽）。

生活源包括《国民经济行业分类》（GB/T 4754—2011）中的第三产业以及城镇居民生活源；生活源废气污染物排放包括农村生活源。

集中式污染治理设施包括集中式污水处理单位、生活垃圾集中处理处置单位、危险废物集中利用处置（处理）单位。

移动源包括机动车污染源。

环境管理反映环保系统自身能力建设、业务工作进展及成果等情况，调查范围主要包括环境信访、环境法制及环境应急情况，环境科技与标准情况，环境影响评价情况，环境监测情况，自然生态保护与建设情况，辐射环境监测情况，环境监察执法情况等方面的内容。

四、与《中国环境统计年报 2015》相比，删减了“2. 废水污染物中重点流域、沿海地区废水污染物排放情况”“3. 大气污染防治重点区域废气污染物排放情况”等内容。

五、本年报中所有分项加和、合计值与占比数据修约均根据原始统计数据进行计算及进位，与修约后的数据直接计算结果可能有所不同。

目录

II

IV

综　述

2016 年是全面建成小康社会决胜阶段的开局之年，是推进结构性改革的攻坚之年。各地区、各部门认真落实党中央、国务院决策部署，紧紧围绕统筹推进“五位一体”总体布局和协调推进“四个全面”战略布局，贯彻落实新发展理念，以改善环境质量为核心，以解决突出环境问题为重点，扎实推进环境保护工作，取得积极进展。

2016 年，全国废水中化学需氧量排放量为 658.1 万吨，其中，工业源废水中化学需氧量排放量为 122.8 万吨，农业源化学需氧量排放量为 57.1 万吨，生活源污水中化学需氧量排放量为 473.5 万吨，集中式污染治理设施废水（含渗滤液）中化学需氧量排放量为 4.6 万吨。全国废水中氨氮排放量为 56.8 万吨。其中，工业源废水中氨氮排放量为 6.5 万吨，农业源氨氮排放量为 1.3 万吨，生活源污水中氨氮排放量为 48.4 万吨，集中式污染治理设施废水（含渗滤液）中氨氮排放量为 0.7 万吨。

2016 年，全国废气中二氧化硫排放量为 854.9 万吨，其中，工业源废气中二氧化硫排放量为 770.5 万吨，生活源废气中二氧化硫排放量为 84.0 万吨，集中式污染治理设施废气中二氧化硫排放量为 0.4 万吨。全国废气中氮氧化物排放量为 1 503.3 万吨，其中，工业源废气中氮氧化物排放量为 809.1 万吨，生活源废气中氮氧化物排放量为 61.6 万吨，移动源废气中氮氧化物排放量为 631.6 万吨，集中式污染治理设施废气中氮氧化物排放量为 1.0 万吨。全国废气中颗粒物排放量为 1 608.0 万吨，其中，工业源废气中颗粒物排放量为 1 376.2 万吨，生活源废气中颗粒物排放量为 219.2 万吨，移动源废气中颗粒物排放量为 12.3 万吨，集中式污染治理设施废气中颗粒物排放量为 0.4 万吨。

2016 年，全国一般工业固体废物产生量为 37.1 亿吨，综合利用量为 21.1 亿吨，处置量为 8.5 亿吨。全国工业危险废物产生量为 5 219.5 万吨，综合利用处置量为 4 317.2 万吨。

2016 年，调查统计污水处理厂 7 103 家，设计处理能力为 2.1 亿吨/日，全年共处理废水 585.8 亿吨；调查统计生活垃圾处理场（厂）2 327 家，生活垃圾填埋量 1.8 亿吨、焚烧处理量 0.8 亿吨；调查统计危险废物集中处理厂 938 家、医疗废物集中处理厂 260 家，实际处理危险废物 904.4 万吨。

1

调查对象

1.1 调查对象总体情况

工业源调查采取对重点调查单位逐家调查，农业源调查采取对大型畜禽养殖场逐家调查，生活源调查采取以地市级行政单位为单位整体调查，集中式污染治理设施调查采取逐家调查，移动源调查采取以地市级行政单位为单位整体调查。

2016 年，工业源、农业源和集中式污染治理设施调查对象共 170 187 家，其中，工业企业 145 144 家，大型畜禽养殖场 14 415 家，城镇污水处理厂 7 103 家，生活垃圾处理场（厂）2 327 家，危险废物集中处理厂 938 家，医疗废物集中处理厂 260 家。调查对象个数排名前 3 位的依次为广东、江苏和浙江，分别为 16 437 家、12 801 家和 12 249 家。2016 年各地区调查对象数量分布情况见图 1-1。

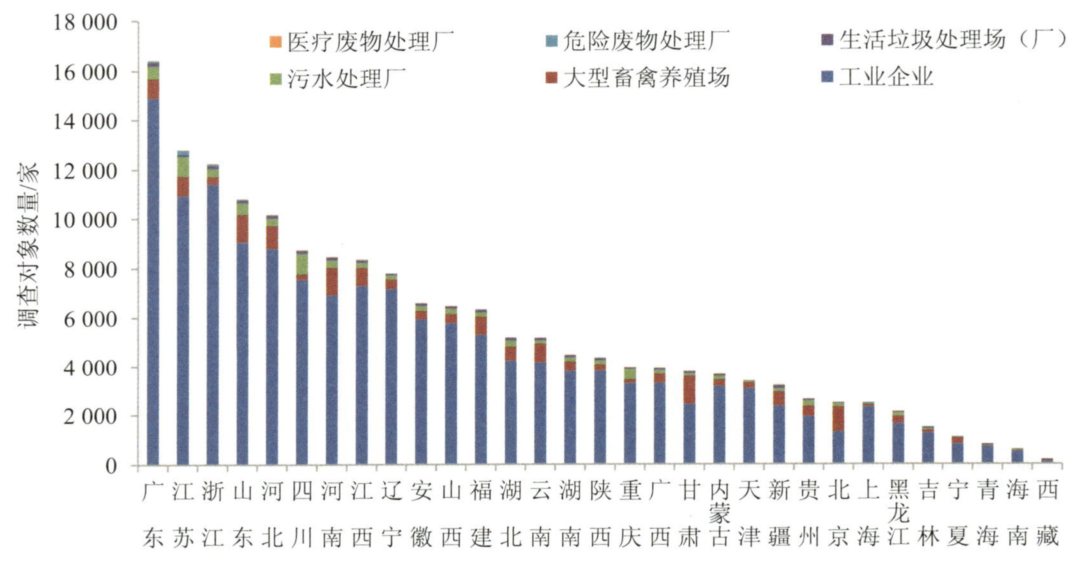

图 1-1　2016 年各地区调查对象数量分布情况

1.2 工业源调查基本情况

2016 年，全国共调查了 145 144 家工业企业，其中，有废水及废水污染物排放的企业 81 948 家，有废气及废气污染物排放的企业 107 312 家，有一般工业固体废物产生的企业 84 736 家，有工业危险废物产生的企业 34 200 家。调查工业企业数量排名前 3 位的地区依次为广东、浙江、江苏，分别为 14 892 家、11 402 家、10 932 家。2016 年各地区调查工业企业数量分布情况见图 1-2。

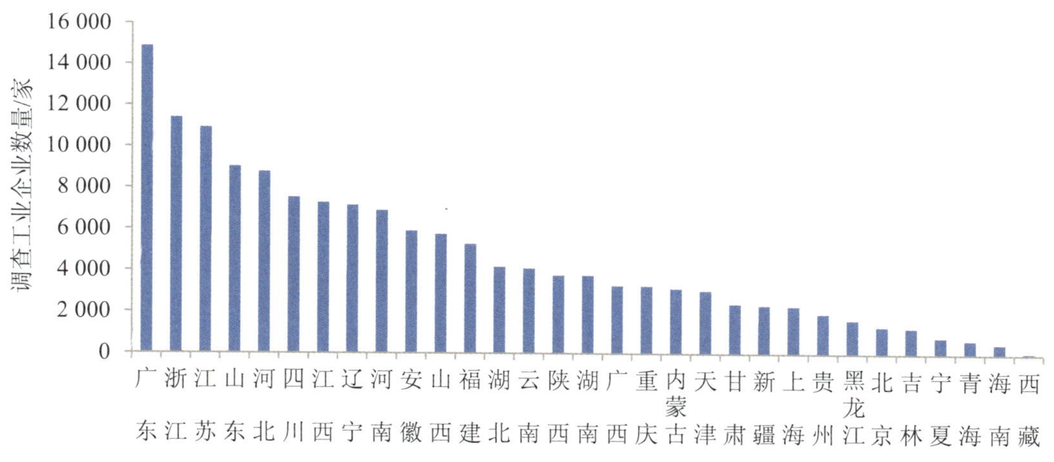

图 1-2　2016 年各地区调查工业企业数量分布情况

1.3　农业源调查基本情况

2016 年，全国共调查了 14 415 家大型畜禽养殖场，其中，生猪养殖场 8 409 家，肉牛养殖场 980 家，肉鸡养殖场 1 686 家，奶牛养殖场 2 185 家，蛋鸡养殖场 1 155 家。调查大型畜禽养殖场数量排名前 3 位的地区是甘肃、山东、河南，分别为 1 126 家、1 118 家、1 105 家。2016 年各地区调查大型畜禽养殖场数量分布情况见图 1-3。

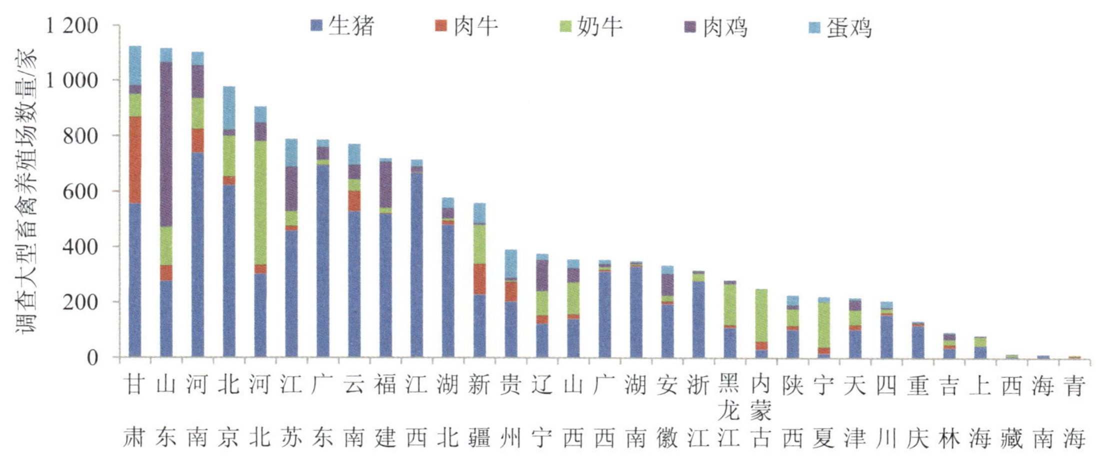

图 1-3　2016 年各地区调查大型畜禽养殖场数量分布情况

1.4 生活源调查基本情况

2016 年，对全国 31 个省（自治区、直辖市）和新疆生产建设兵团的 395 个地市级行政单位开展了生活源统计调查。

1.5 集中式污染治理设施调查基本情况

2016 年，全国共调查了 7 103 家污水处理厂、2 327 家生活垃圾处理场（厂）、938 家危险废物集中处理厂和 260 家医疗废物集中处理厂。调查集中式污染治理设施数量排名前 3 位的地区依次为江苏、四川和广东，分别为 1 079 家、976 家和 758 家。2016 年各地区调查集中式污染治理设施数量分布情况见图 1-4。

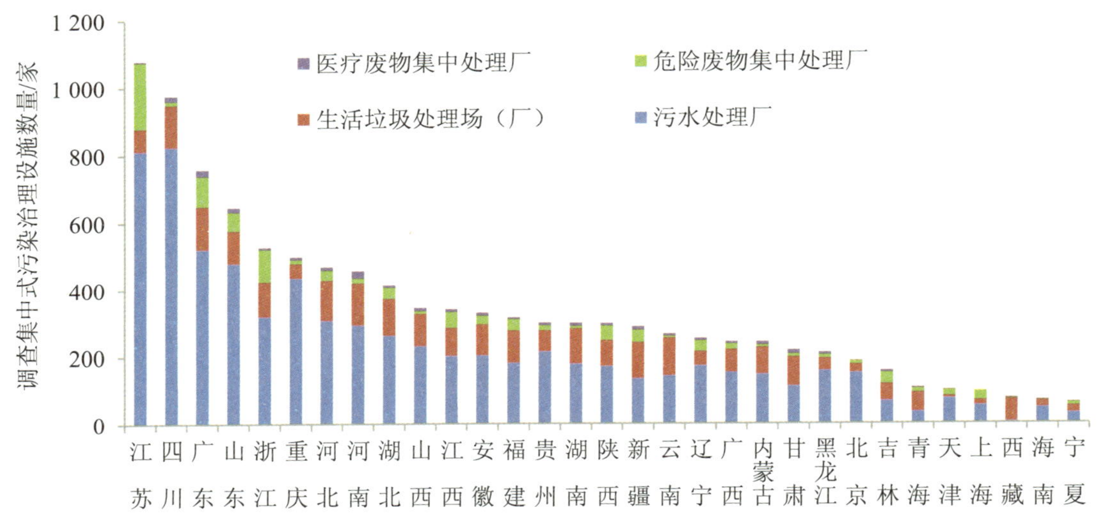

图 1-4　2016 年各地区调查集中式污染治理设施数量分布情况

1.6 移动源调查基本情况

2016 年，对全国 31 个省（自治区、直辖市）和新疆生产建设兵团的 385 个地市级行政单位开展了移动源统计调查。

2

废水污染物

2.1 化学需氧量排放情况

2.1.1 全国及分源排放情况

2016 年，全国废水中化学需氧量排放量为 658.1 万吨。其中，工业源化学需氧量排放量为 122.8 万吨，占全国化学需氧量排放量的 18.7%；农业源化学需氧量排放量为 57.1 万吨，占全国化学需氧量排放量的 8.7%；生活源化学需氧量排放量为 473.5 万吨，占全国化学需氧量排放量的 72.0%；集中式污染治理设施废水（含渗滤液）中化学需氧量排放量为 4.6 万吨，占全国化学需氧量排放量的 0.7%。2016 年全国及分源化学需氧量排放情况见表 2-1。

表 2-1 2016 年全国及分源化学需氧量排放情况

排放源	合计	工业源	农业源	生活源	集中式污染治理设施
排放量/万吨	658.1	122.8	57.1	473.5	4.6
占比/%	—	18.7	8.7	72.0	0.7

注：①农业源数据为大型畜禽养殖场统计调查数据。

②集中式污染治理设施废水中污染物排放量指生活垃圾处理场（厂）和危险废物（医疗废物）集中处理厂垃圾废水（含渗滤液）中污染物的排放量。

③本年报表中“—”表示无此项指标或不宜计算。

2.1.2 各地区及分源排放情况

2016 年，化学需氧量排放量大于 30 万吨的地区有 10 个，依次为广东、江苏、江西、湖南、四川、安徽、山东、湖北、河南和广西。10 个地区的化学需氧量排放量合计为 391.0 万吨，占全国化学需氧量排放量的 59.4%。生活源化学需氧量排放量排名前 3 位的地区依次为广东、江苏和安徽。工业源化学需氧量排放量排名前 3 位的地区依次为江苏、江西和广东。2016 年各地区化学需氧量排放情况见图 2-1。

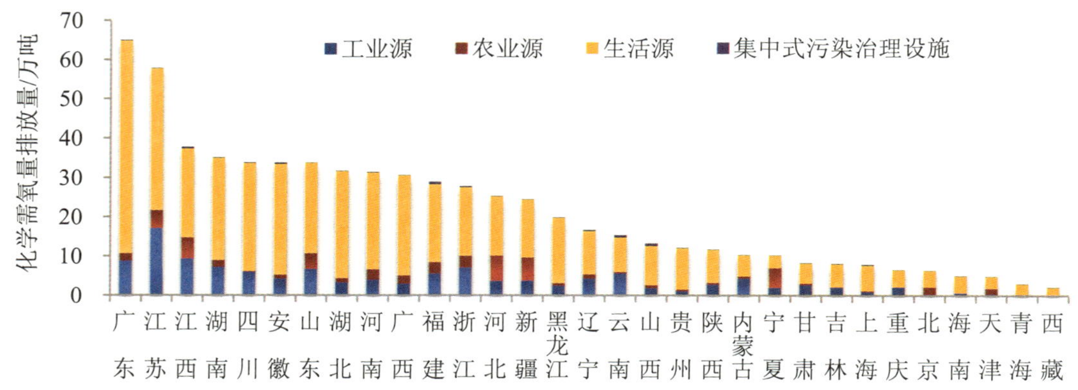

图 2-1 2016 年各地区化学需氧量排放情况

2.1.3 各工业行业排放情况

2016 年，各工业行业中化学需氧量排放量排名前 4 位的行业依次为农副食品加工业、化学原料和化学制品制造业、造纸和纸制品业、纺织业。4 个行业排放量合计为 66.1 万吨，占全国工业源化学需氧量排放量的 53.8%。2016 年工业行业化学需氧量排放情况见图 2-2。

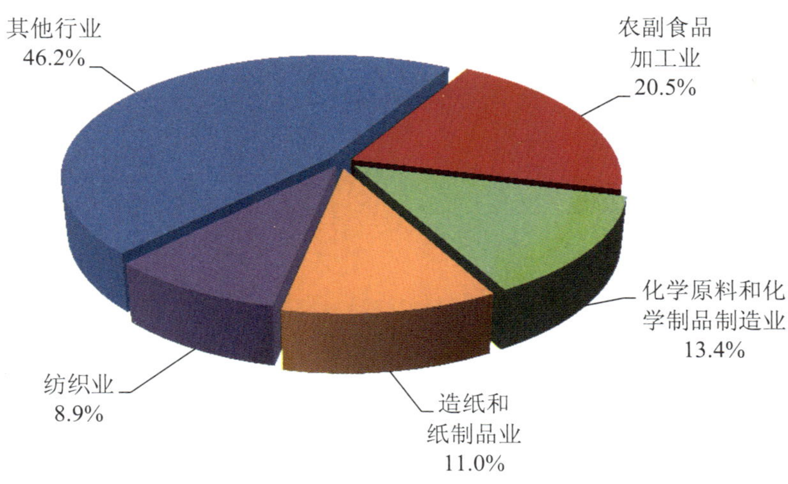

图 2-2 2016 年工业行业化学需氧量排放情况

2.2 氨氮排放情况

2.2.1 全国及分源排放情况

2016 年，全国废水中氨氮排放量为 56.8 万吨。其中，工业源氨氮排放量为 6.5 万吨，占全国氨氮排放量的 11.4%；农业源氨氮排放量为 1.3 万吨，占全国氨氮排放量的 2.2%；生活源氨氮排放量为 48.4 万吨，占全国氨氮排放量的 85.3%；集中式污染治理设施废水（含渗滤液）中氨氮排放量为 0.7 万吨，占全国氨氮排放量的 1.2%。2016 年全国及分源氨氮排放情况见表 2-2。

表 2-2 2016 年全国及分源氨氮排放情况

排放源	合计	工业源	农业源	生活源	集中式污染治理设施
排放量/万吨	56.8	6.5	1.3	48.4	0.7
占比/%	—	11.4	2.2	85.3	1.2

2.2.2 各地区及分源排放情况

氨氮排放量大于 2 万吨的地区有 13 个，依次为广东、江苏、湖南、四川、江西、山东、湖北、河南、新疆、广西、河北、安徽和浙江。13 个地区的氨氮排放量合计为 39.4 万吨，占全国氨氮排放量的 69.4%。生活源氨氮排放量排名前 3 位的地区依次为广东、四川和江苏。工业源氨氮排放量排名前 3 位的地区依次为江苏、湖南和江西。2016 年各地区氨氮排放情况见图 2-3。

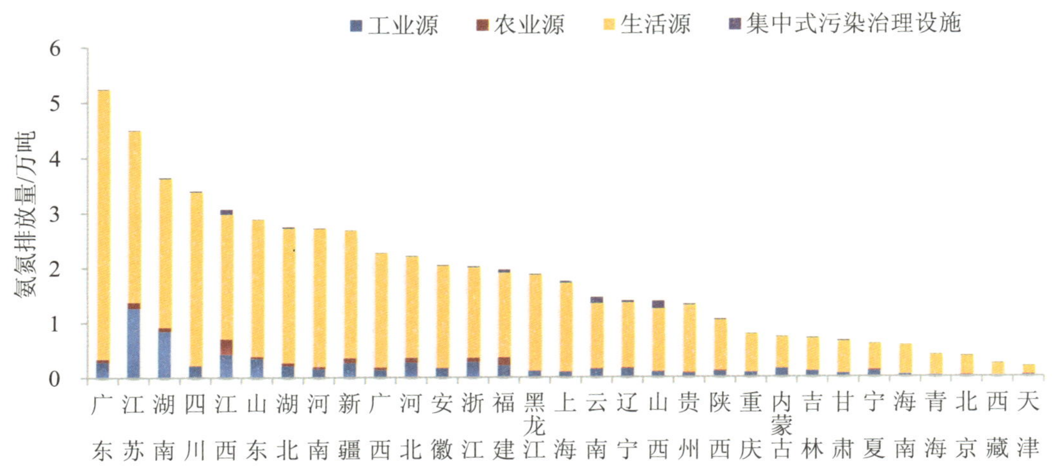

图 2-3　2016 年各地区氨氮排放情况

2.2.3 各工业行业排放情况

2016 年，各工业行业中氨氮排放量排名前 4 位的行业依次为化学原料和化学制品制造业、农副食品加工业、食品制造业、酒饮料和精制茶制造业。4 个行业排放量合计为 3.6 万吨，占全国工业源氨氮排放量的 55.9%。2016 年工业行业氨氮排放情况见图 2-4。

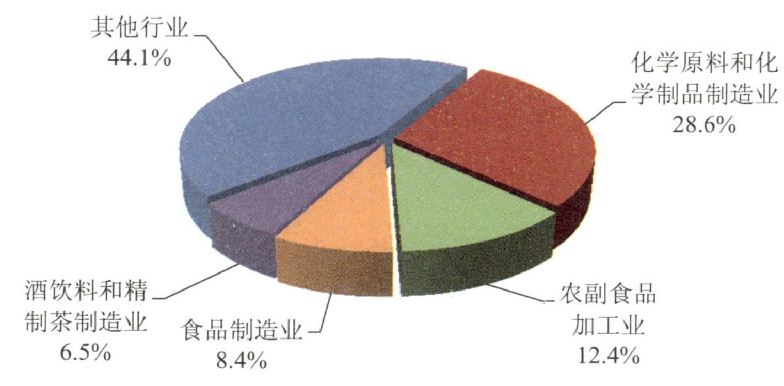

图 2-4　2016 年工业行业氨氮排放情况

2.3 总氮排放情况

2.3.1 全国及分源排放情况

2016 年，全国废水中总氮排放量为 123.6 万吨。其中，工业源总氮排放量为 18.4 万吨，占全国总氮排放量的 14.9%；农业源总氮排放量为 4.1 万吨，占全国总氮排放量的 3.3%；生活源总氮排放量为 100.2 万吨，占全国总氮排放量的 81.1%；集中式污染治理设施废水（含渗滤液）中总氮排放量为 0.8 万吨，占全国总氮排放量的 0.7%。2016 年全国及分源总氮排放情况见表 2-3。

表 2-3 2016 年全国及分源总氮排放情况

排放源	合计	工业源	农业源	生活源	集中式污染治理设施
排放量/万吨	123.6	18.4	4.1	100.2	0.8
占比/%	—	14.9	3.3	81.1	0.7

2.3.2 各地区及分源排放情况

总氮排放量大于 5 万吨的地区有 9 个，依次为广东、江苏、山东、河南、四川、浙江、湖南、湖北和江西。9 个地区的总氮排放量合计为 66.3 万吨，占全国总氮排放量的 53.6%。生活源总氮排放量排名前 3 位的地区依次为广东、江苏、山东。工业源总氮排放量排名前 3 位的地区依次为江苏、浙江和湖南。2016 年各地区总氮排放情况见图 2-5。

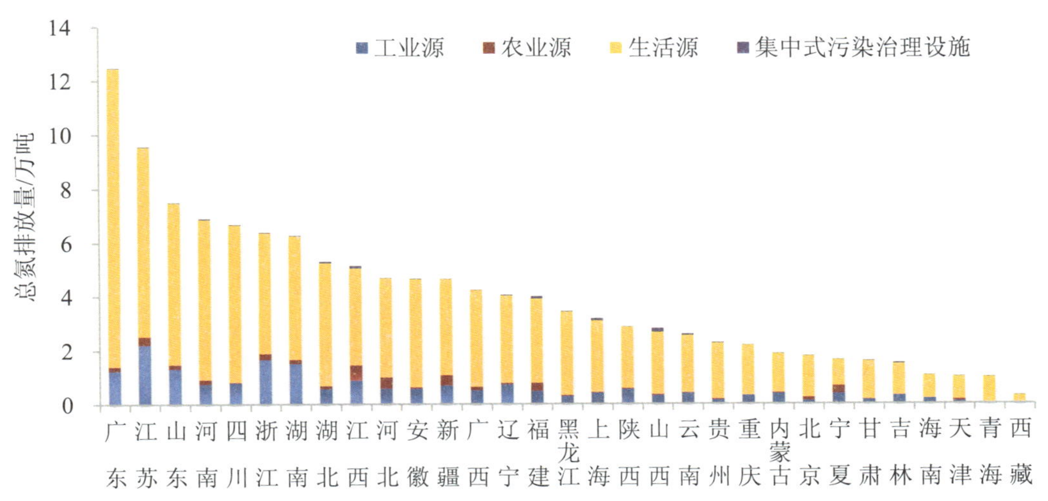

图 2-5 2016 年各地区总氮排放情况

2.3.3 各工业行业排放情况

2016 年，各工业行业中总氮排放量排名前 4 位的行业依次为化学原料和化学制品制造业、农副食品加工业、纺织业、食品制造业。4 个行业排放量合计为 10.3 万吨，占全国工业源总氮排放量的 56.1%。2016 年工业行业总氮排放情况见图 2-6。

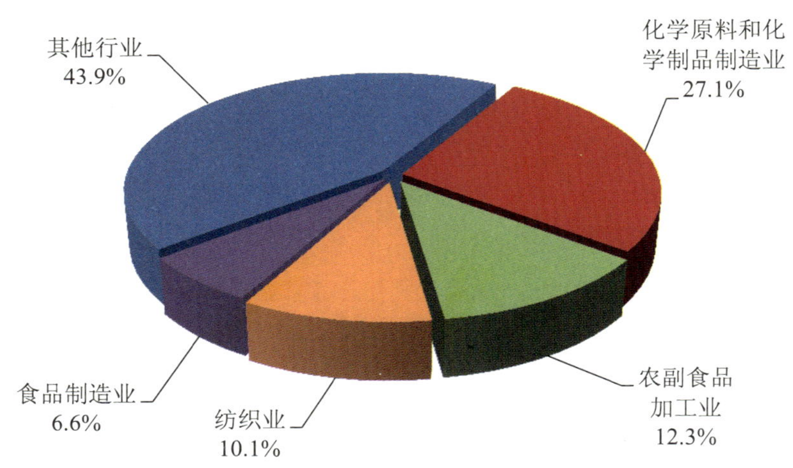

图 2-6 2016 年工业行业总氮排放情况

2.4 总磷排放情况

2.4.1 全国及分源排放情况

2016 年，全国废水中总磷排放量为 9.0 万吨。其中，工业源总磷排放量为 1.7 万吨，占全国总磷排放量的 18.8%；农业源总磷排放量为 0.6 万吨，占全国总磷排放量的 7.0%；生活源总磷排放量为 6.7 万吨，占全国总磷排放量的 74.1%；集中式污染治理设施废水（含渗滤液）中总磷排放量为 162.4 吨，占全国总磷排放量的 0.2%。2016 年全国及分源总磷排放情况见表 2-4。

表 2-4 2016 年全国及分源总磷排放情况

排放源	合计	工业源	农业源	生活源	集中式污染治理设施
排放量	9.0 万吨	1.7 万吨	0.6 万吨	6.7 万吨	162.4 吨
占比/%	—	18.8	7.0	74.1	0.2

2.4.2 各地区及分源排放情况

总磷排放量大于 0.3 万吨的地区有 13 个，依次为广东、江苏、湖南、江西、四川、山东、湖北、福建、河北、广西、安徽、浙江和河南。13 个地区的总磷排放量合计为 6.5 万吨，占全国总磷排放量的 72.2%。生活源总磷排放量排名前 3 位的地区依次为广东、湖南和江苏。工业源总磷排放量排名前 3 位的地区依次为广东、江苏和四川。2016 年各地区总磷排放情况见图 2-7。

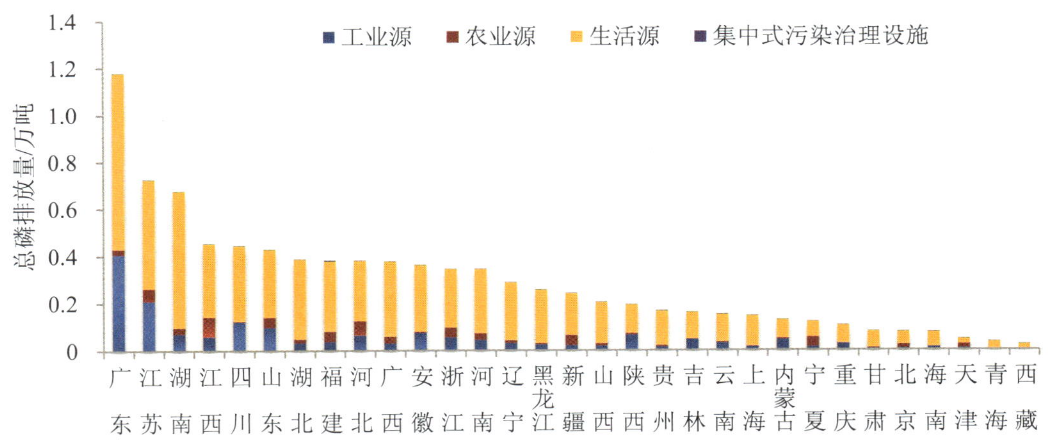

图 2-7　2016 年各地区总磷排放情况

2.4.3 各工业行业排放情况

2016 年，各工业行业中总磷排放量排名前 4 位的行业依次为农副食品加工业、造纸和纸制品业、化学原料和化学制品制造业、酒饮料和精制茶制造业。4 个行业排放量合计为 1.0 万吨，占全国工业源总磷排放量的 60.9%。2016 年工业行业总磷排放情况见图 2-8。

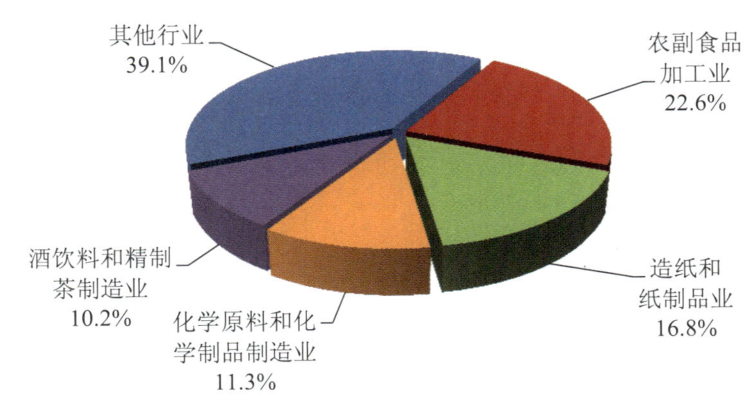

图 2-8　2016 年工业行业总磷排放情况

2.5 其他污染物排放情况

2016 年，全国废水中石油类排放量为 11 599.4 吨，挥发酚排放量为 272.1 吨，氰化物排放量为 57.9 吨，重金属排放量为 167.8 吨。2016 年全国废水中其他污染物排放情况见表 2-5。

表 2-5 2016 年全国废水中其他污染物排放情况 单位：吨

排放源 \ 污染物	石油类	挥发酚	氰化物	重金属
工业源	11 599.4	272.1	57.9	162.6
集中式污染治理设施	—	0.01	0.03	5.1
合计	11 599.4	272.1	57.9	167.8

3

废气污染物

3.1 二氧化硫排放情况

3.1.1 全国及分源排放情况

2016 年，全国二氧化硫排放量为 854.9 万吨。其中，工业源二氧化硫排放量为 770.5 万吨，占全国二氧化硫排放量的 90.1%；生活源二氧化硫排放量为 84.0 万吨，占全国二氧化硫排放量的 9.8%；集中式污染治理设施二氧化硫排放量为 0.4 万吨。2016 年全国二氧化硫排放情况见表 3-1。

表 3-1　2016 年全国二氧化硫排放情况

排放源	合计	工业源	生活源	集中式污染治理设施
排放量/万吨	854.9	770.5	84.0	0.4
占比/%	—	90.1	9.8	…

注：集中式污染治理设施包括生活垃圾处理场（厂）和危险废物（医疗废物）集中处理厂焚烧废气中排放的污染物；“…”表示由于数字太小，修约后小于保留的最小位数无法显示，下同。

3.1.2 各地区及分源排放情况

2016 年，二氧化硫排放量超过 50 万吨的地区依次为山东、江苏、内蒙古和河北。4 个地区的二氧化硫排放量占全国二氧化硫排放量的 28.4%。工业源二氧化硫排放量最大的地区是山东，生活源二氧化硫排放量最大的地区是湖南。2016 年各地区二氧化硫排放情况见图 3-1。

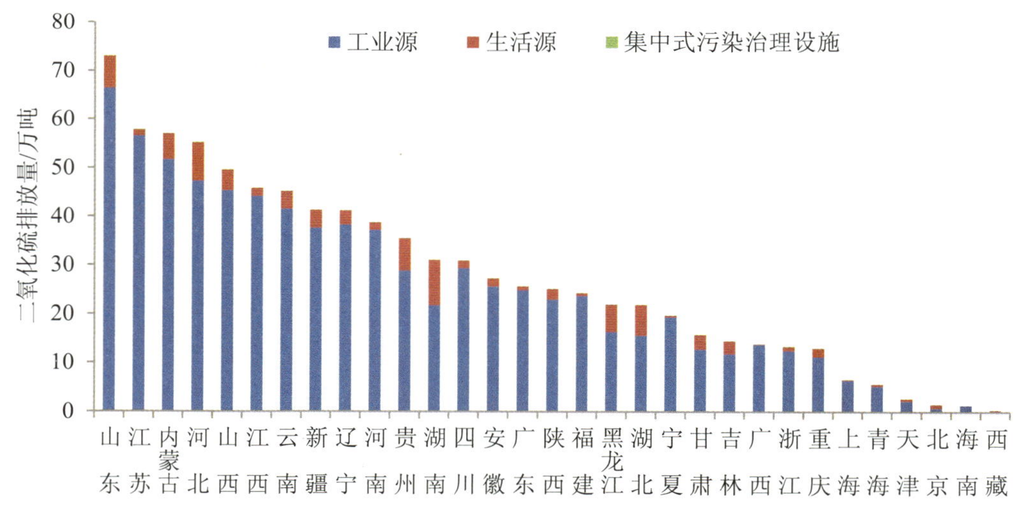

图 3-1　2016 年各地区二氧化硫排放情况

3.1.3 各工业行业排放情况

3.1.3.1 行业总体情况

2016 年，在调查统计的 42 个行业中，二氧化硫排放量排名前 3 位的行业依次为电力、热力生产和供应业，非金属矿物制品业，黑色金属冶炼和压延加工业。3 个行业的二氧化硫排放量合计为 487.6 万吨，占全国工业源二氧化硫排放量的 63.3%。2016 年工业行业二氧化硫排放情况见图 3-2。

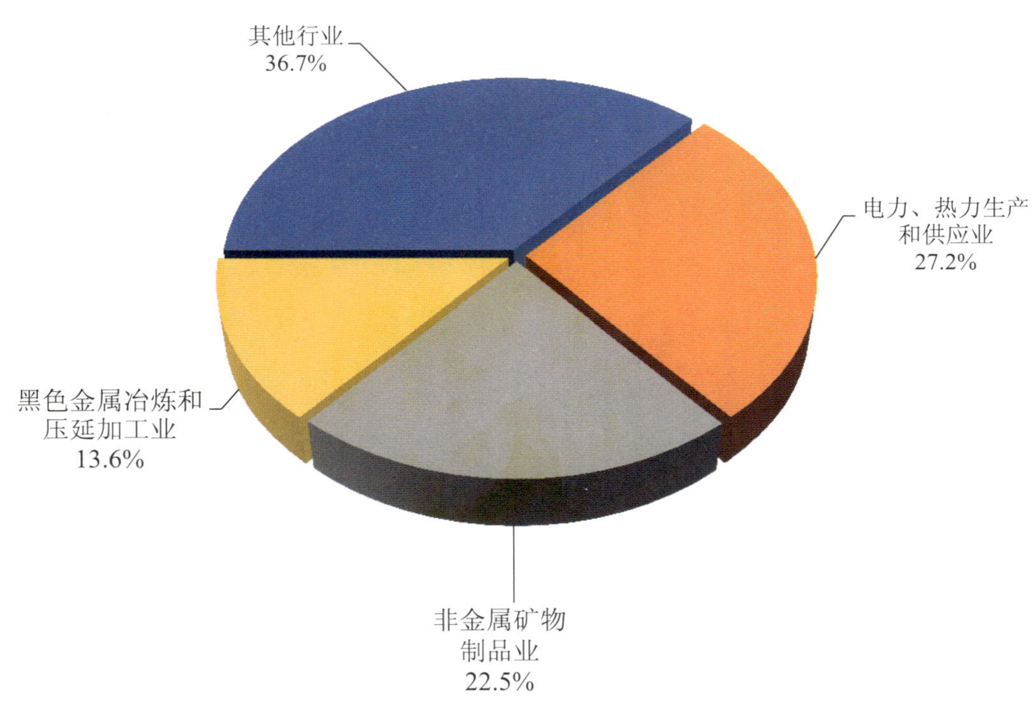

图 3-2 2016 年工业行业二氧化硫排放情况

3.1.3.2 电力、热力生产和供应业

2016 年，电力、热力生产和供应业二氧化硫排放量为 209.4 万吨，占全国工业源二氧化硫排放量的 27.2%。电力、热力生产和供应业二氧化硫排放量排名前 4 位的地区依次为贵州、内蒙古、山西和江苏。4 个地区的电力、热力生产和供应业二氧化硫排放量占全国电力、热力生产和供应业二氧化硫排放量的 35.5%。2016 年各地区电力、热力生产和供应业二氧化硫排放情况见图 3-3。

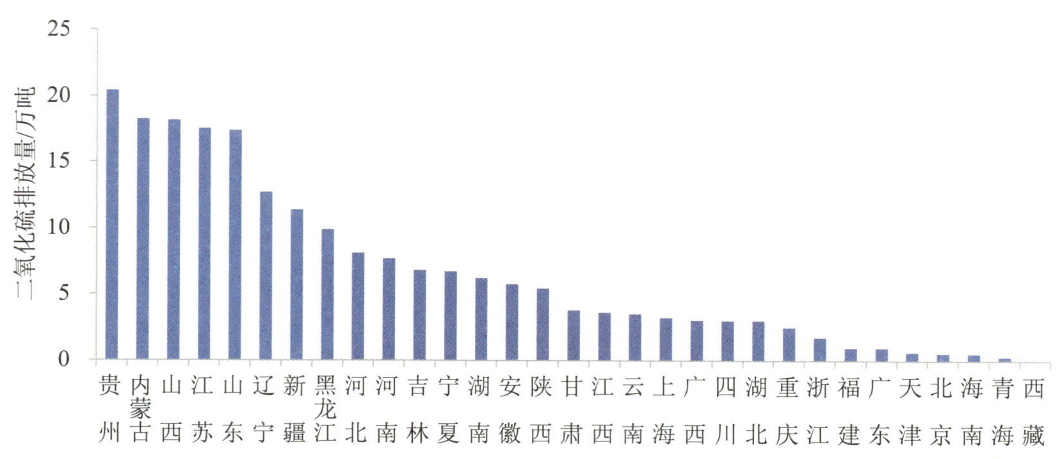

图 3-3　2016 年各地区电力、热力生产和供应业二氧化硫排放情况

2016 年，火力发电企业二氧化硫排放量为 160.3 万吨，占全国工业源二氧化硫排放量的 20.8%。火力发电企业二氧化硫排放量排名前 4 位的地区依次为贵州、江苏、山东和内蒙古。4 个地区的火力发电企业二氧化硫排放量占全国火力发电企业二氧化硫排放量的 40.3%。2016 年各地区火力发电企业二氧化硫排放情况见图 3-4。

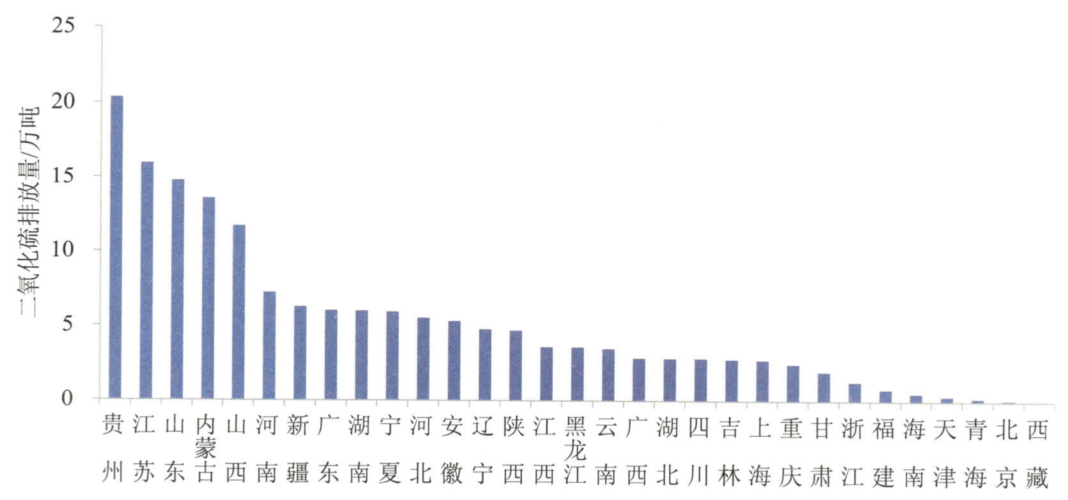

图 3-4　2016 年各地区火力发电企业二氧化硫排放情况

3.1.3.3　非金属矿物制品业

2016 年，非金属矿物制品业二氧化硫排放量为 173.6 万吨，占全国工业源二氧化硫排放量的 22.5%。非金属矿物制品业二氧化硫排放量排名前 4 位的地区依次为江西、山东、安徽和云南。4 个地区的非金属矿物制品业二氧化硫排放量占全国非金属矿物制品业二氧化硫排放量的 34.6%。2016 年各地区非金属矿物制品业二氧化硫排放情况见图 3-5。

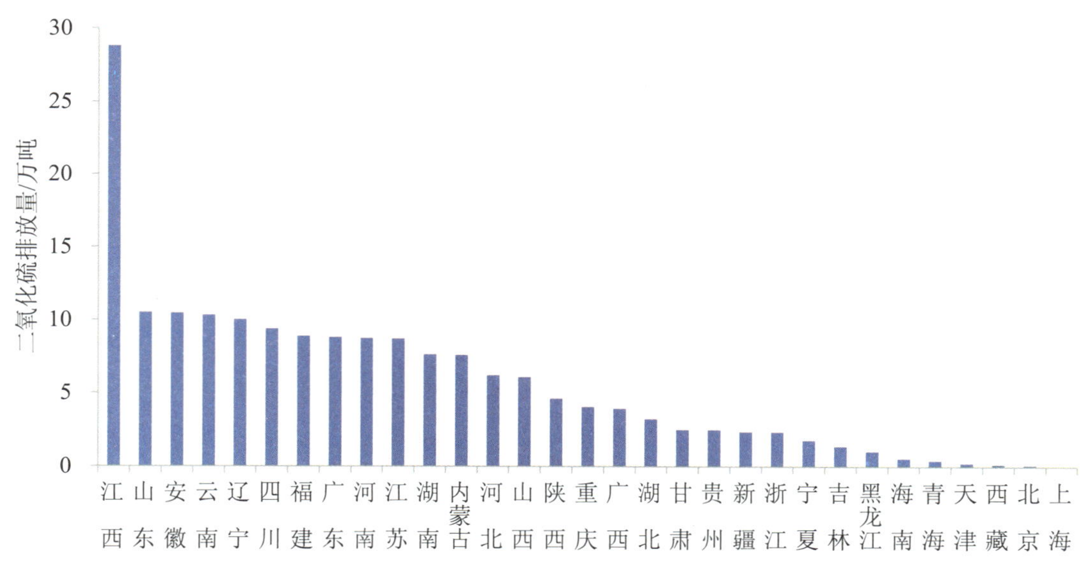

图 3-5　2016 年各地区非金属矿物制品业二氧化硫排放情况

3.1.3.4　黑色金属冶炼和压延加工业

2016 年，黑色金属冶炼和压延加工业二氧化硫排放量为 104.6 万吨，占全国工业源二氧化硫排放量的 13.6%。黑色金属冶炼和压延加工业二氧化硫排放量排名前 4 位的地区依次为河北、江苏、山西和新疆。4 个地区的黑色金属冶炼和压延加工业二氧化硫排放量占全国黑色金属冶炼和压延加工业二氧化硫排放量的 46.2%。2016 年各地区黑色金属冶炼和压延加工业二氧化硫排放情况见图 3-6。

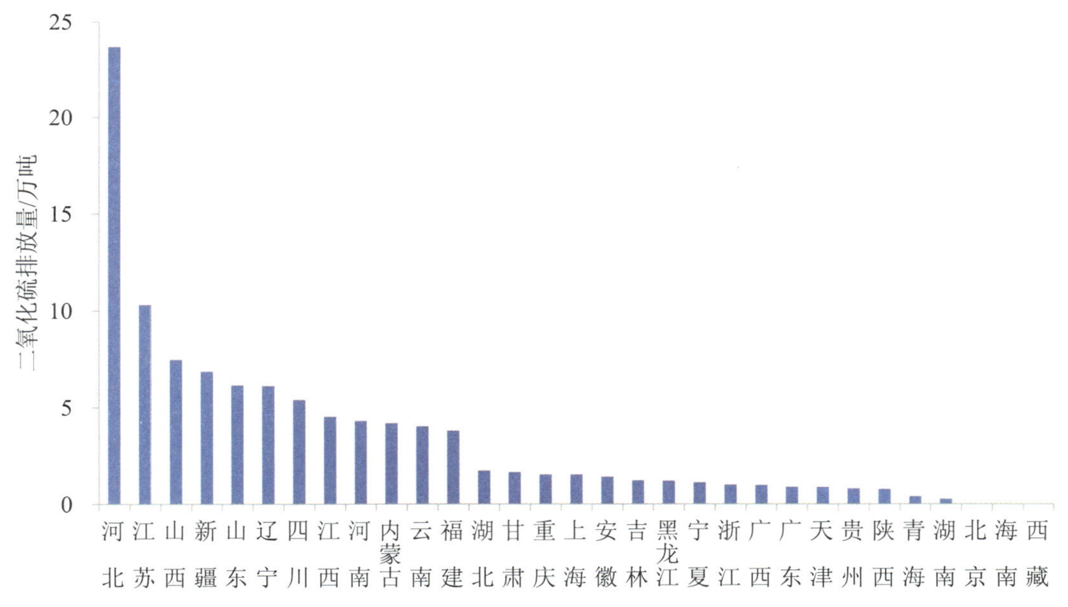

图 3-6　2016 年各地区黑色金属冶炼和压延加工业二氧化硫排放情况

3.2 氮氧化物排放情况

3.2.1 全国及分源排放情况

2016 年，全国氮氧化物排放量为 1 503.3 万吨。其中，工业源氮氧化物排放量为 809.1 万吨，占全国氮氧化物排放量的 53.8%；生活源氮氧化物排放量为 61.6 万吨，占全国氮氧化物排放量的 4.1%；机动车氮氧化物排放量为 631.6 万吨，占全国氮氧化物排放量的 42.0%；集中式污染治理设施氮氧化物排放量为 1.0 万吨，占全国氮氧化物排放量的 0.1%。2016 年全国氮氧化物排放情况见表 3-2。

表 3-2　2016 年全国氮氧化物排放情况

排放源	合计	工业源	生活源	机动车	集中式污染治理设施
排放量/万吨	1 503.3	809.1	61.6	631.6	1.0
占比/%	—	53.8	4.1	42.0	0.1

3.2.2 各地区及分源排放情况

2016 年，氮氧化物排放量超过 100 万吨的地区依次为山东、河北和江苏。3 个地区的氮氧化物排放量占全国氮氧化物排放量的 24.9%。工业源氮氧化物和机动车氮氧化物排放量最大的地区均为山东，生活源氮氧化物排放量最大的地区是黑龙江。2016 年各地区氮氧化物排放量情况见图 3-7。

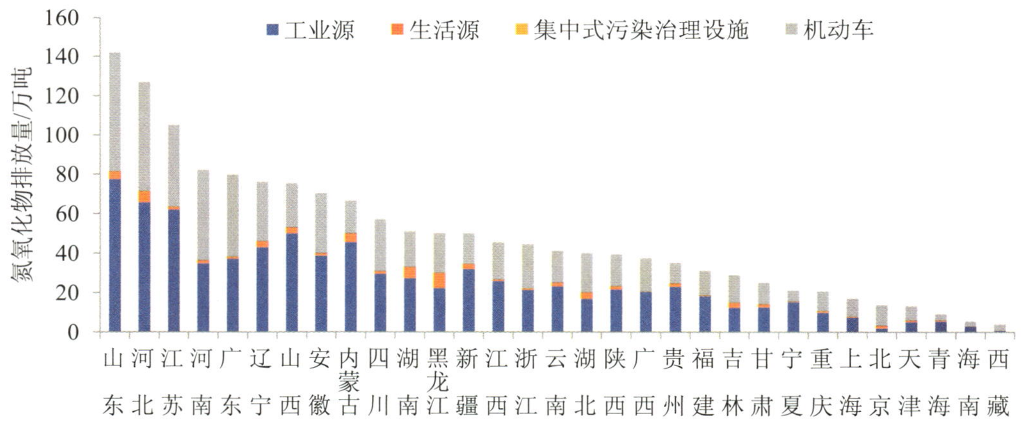

图 3-7　2016 年各地区氮氧化物排放情况

3.2.3 各工业行业排放情况

3.2.3.1 行业总体情况

2016 年，氮氧化物排放量前 3 位的工业行业依次为电力、热力生产和供应业，非金属矿物制品业，黑色金属冶炼和压延加工业。3 个行业氮氧化物排放量合计为 593.7 万吨，占全国工业源氮氧化物排放量的 73.4%。2016 年工业行业氮氧化物排放情况见图 3-8。

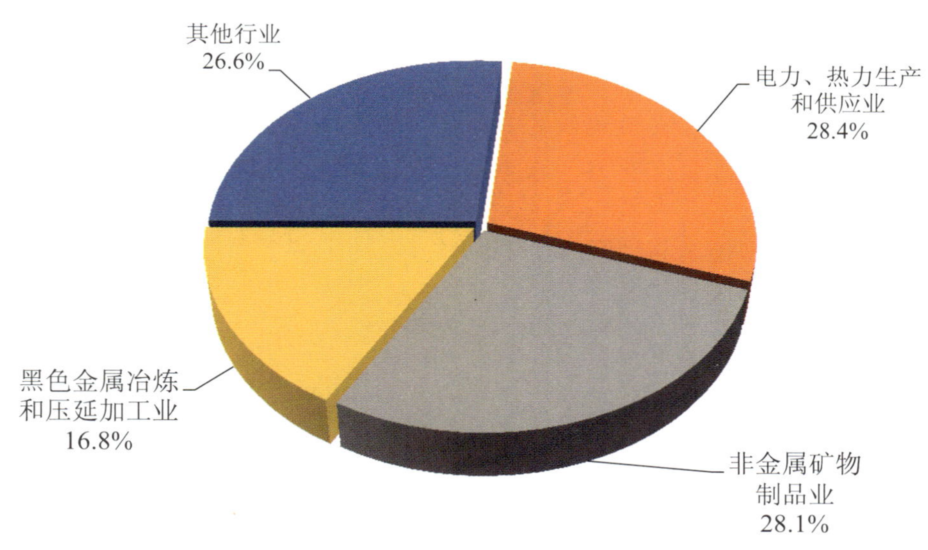

图 3-8 2016 年工业行业氮氧化物排放情况

3.2.3.2 电力、热力生产和供应业

2016 年，电力、热力生产和供应业氮氧化物排放量为 230.2 万吨，占全国工业源氮氧化物排放量的 28.4%。电力、热力生产和供应业氮氧化物排放量排名前 4 位的地区依次为山东、江苏、内蒙古和黑龙江。4 个地区的电力、热力生产和供应业氮氧化物排放量占全国电力、热力生产和供应业氮氧化物排放量的 38.0%。2016 年各地区电力、热力生产和供应业氮氧化物排放情况见图 3-9。

2016 年，火力发电企业氮氧化物排放量为 191.7 万吨，占全国工业源氮氧化物排放量的 23.7%。火力发电企业氮氧化物排放量排名前 4 位的地区依次为山东、江苏、内蒙古和山西。4 个地区的火力发电企业氮氧化物排放量占全国火力发电企业氮氧化物排放量的 39.9%。2016 年各地区火力发电企业氮氧化物排放情况见图 3-10。

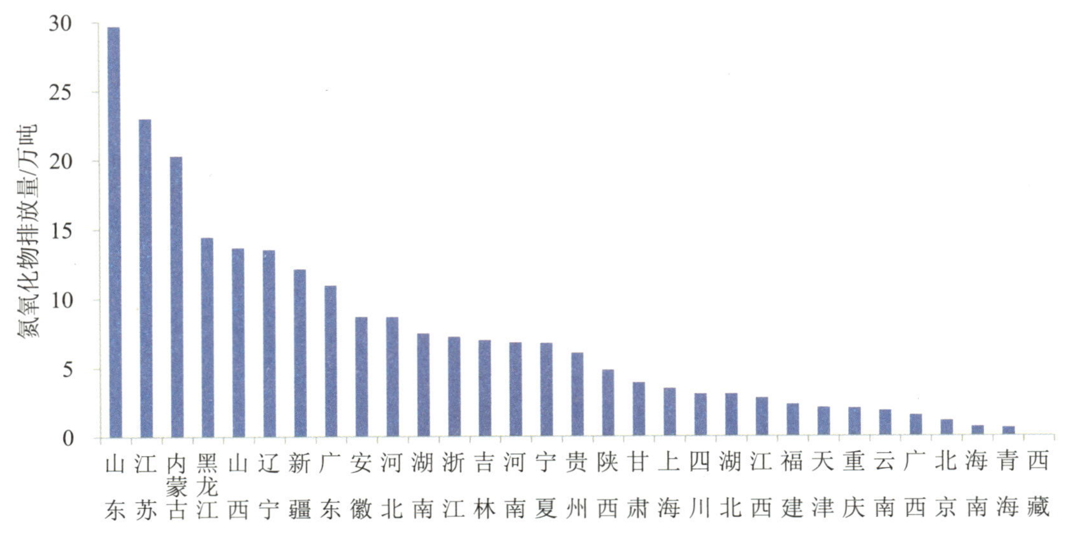

图 3-9　2016 年各地区电力、热力生产和供应业氮氧化物排放情况

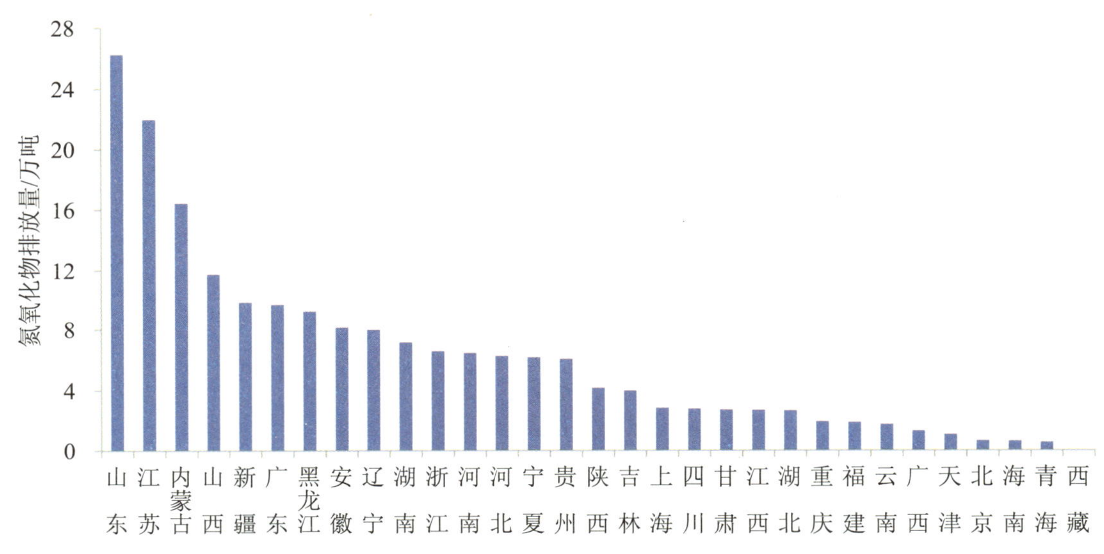

图 3-10　2016 年各地区火力发电企业氮氧化物排放情况

3.2.3.3　非金属矿物制品业

2016 年，非金属矿物制品业氮氧化物排放量为 227.6 万吨，占全国工业源氮氧化物排放量的 28.1%。非金属矿物制品业氮氧化物排放量排名前 4 位的地区依次为安徽、广东、江西和山东。4 个地区的非金属矿物制品业氮氧化物排放量占全国非金属矿物制品业氮氧化物排放量的 29.7%。2016 年各地区非金属矿物制品业氮氧化物排放情况见图 3-11。

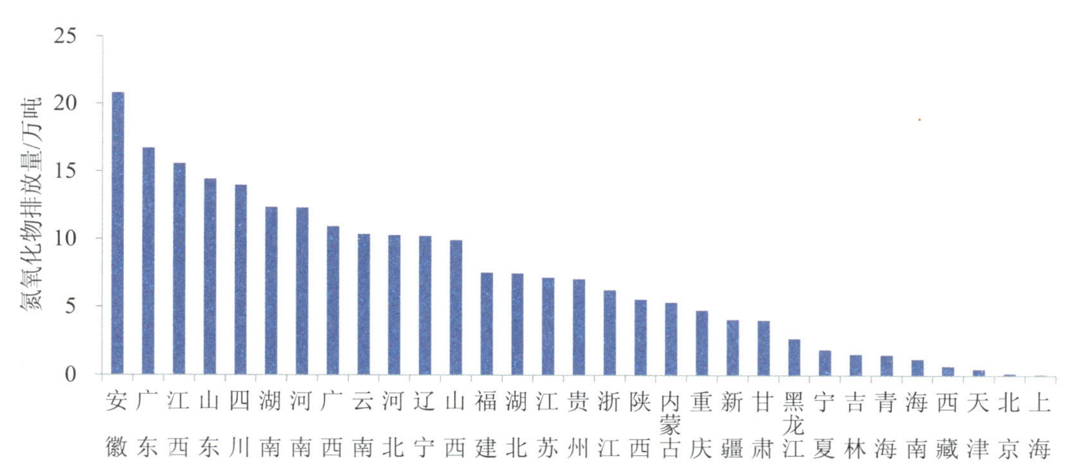

图 3-11　2016 年各地区非金属矿物制品业氮氧化物排放情况

2016 年，水泥制造企业（以下简称水泥企业）氮氧化物排放量为 100.5 万吨，占全国非金属矿物制品业氮氧化物排放量的 44.2%。水泥企业氮氧化物排放量排名前 4 位的地区依次为安徽、湖南、四川和山东。4 个地区的水泥企业氮氧化物排放量占全国水泥企业氮氧化物排放量的 29.0%。2016 年各地区水泥企业氮氧化物排放情况见图 3-12。

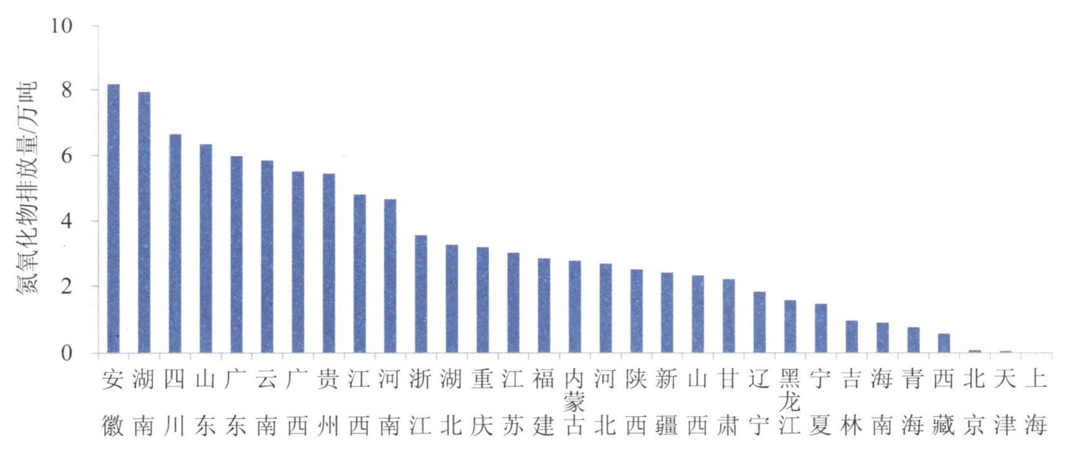

图 3-12　2016 年各地区水泥企业氮氧化物排放情况

3.2.3.4　黑色金属冶炼和压延加工业

2016 年，黑色金属冶炼和压延加工业氮氧化物排放量为 136.0 万吨，占全国工业源氮氧化物排放量的 16.8%。黑色金属冶炼和压延加工业氮氧化物排放量排名前 4 位的地区依次为河北、江苏、山东和辽宁。4 个地区的黑色金属冶炼和压延加工业氮氧化物排放量占全国黑色金属冶炼和压延加工业氮氧化物排放量的 52.6%。2016 年各地区黑色金属冶炼和压延加工业氮氧化物排放情况见图 3-13。

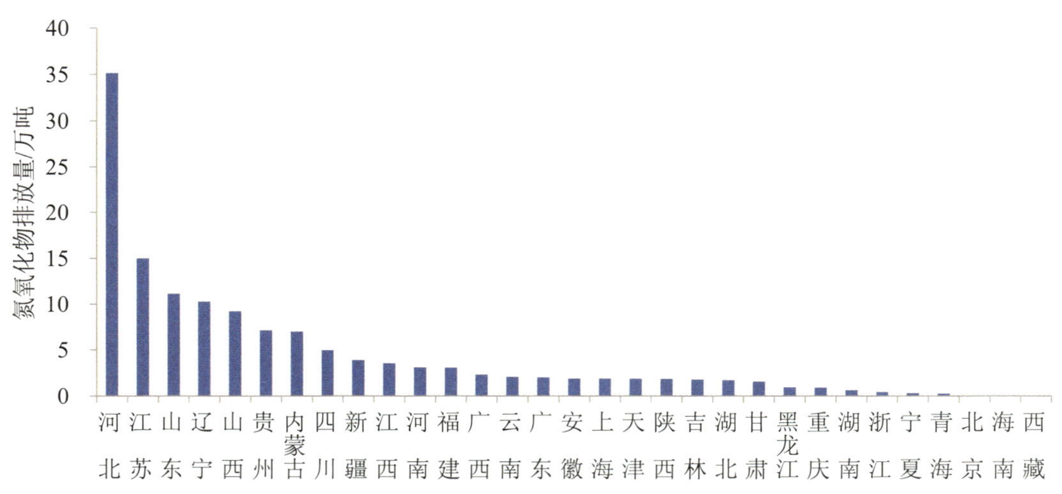

图 3-13　2016 年各地区黑色金属冶炼和压延加工业氮氧化物排放情况

3.3　颗粒物排放情况

3.3.1　全国及分源排放情况

2016 年，全国颗粒物排放量为 1 608.0 万吨。其中，工业源颗粒物排放量为 1 376.2 万吨，占全国颗粒物排放量的 85.6%；生活源颗粒物排放量为 219.2 万吨，占全国颗粒物排放量的 13.6%；机动车颗粒物排放量为 12.3 万吨，占全国颗粒物排放量的 0.8%；集中式污染治理设施颗粒物排放量为 0.4 万吨。2016 年全国颗粒物排放量情况见表 3-3。

表 3-3　2016 年全国颗粒物排放情况

排放源	合计	工业源	生活源	机动车	集中式污染治理设施
排放量/万吨	1 608.0	1 376.2	219.2	12.3	0.4
占比/%	—	85.6	13.6	0.8	…

3.3.2　各地区及分源排放情况

2016 年，颗粒物排放量超过 100 万吨的地区分别为内蒙古和山西。2 个地区的颗粒物排放量占全国颗粒物排放量的 14.4%。工业源颗粒物排放量最大的地区是内蒙古，生活源颗粒物排放量最大的地区是黑龙江，机动车颗粒物排放量最大的地区是河北。2016 年各地区颗粒物排放情况见图 3-14。

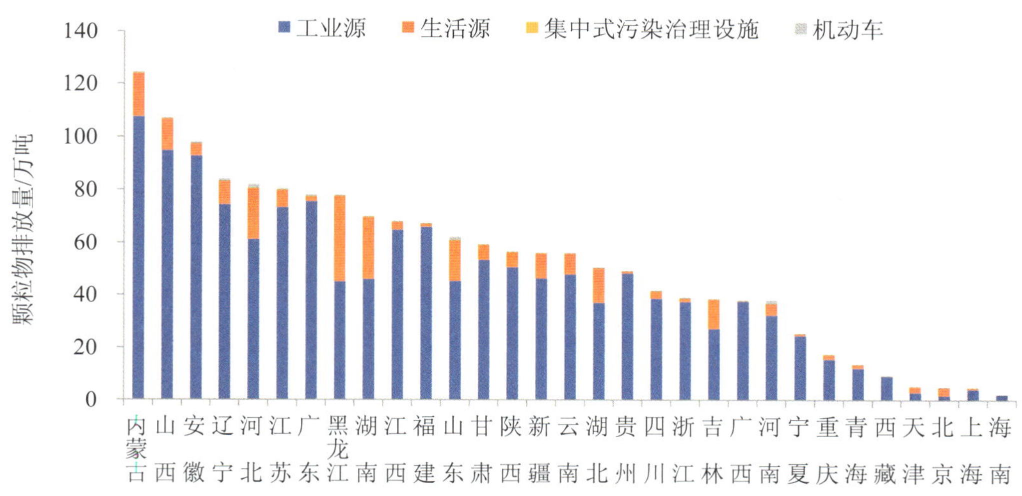

图 3-14　2016 年各地区颗粒物排放情况

3.3.3　各工业行业排放情况

3.3.3.1　行业总体情况

2016 年，颗粒物排放量排名前 3 位的工业行业依次为非金属矿物制品业、煤炭开采和洗选业、黑色金属冶炼和压延加工业。3 个行业共排放颗粒物 759.7 万吨，占全国工业源颗粒物排放量的 55.2%。2016 年工业行业颗粒物排放情况见图 3-15。

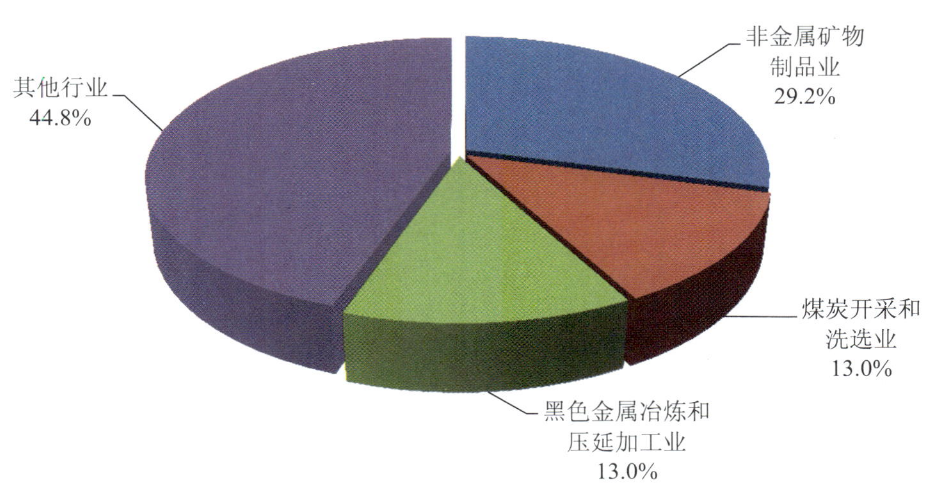

图 3-15　2016 年工业行业颗粒物排放情况

3.3.3.2　电力、热力生产和供应业

2016 年，电力、热力生产和供应业颗粒物排放量为 116.6 万吨，占全国工业源颗粒物排放量的 8.5%。电力、热力生产和供应业颗粒物排放量排名前 4 位的地区依次为黑龙江、内蒙古、辽宁和新疆。4 个地区的电力、热力生产和供应业颗粒物排放量占全国电力、热力生产和供应业颗粒物排放量的 40.7%。2016 年各地区电力、热力生产和供应业颗粒物排放情况见图 3-16。

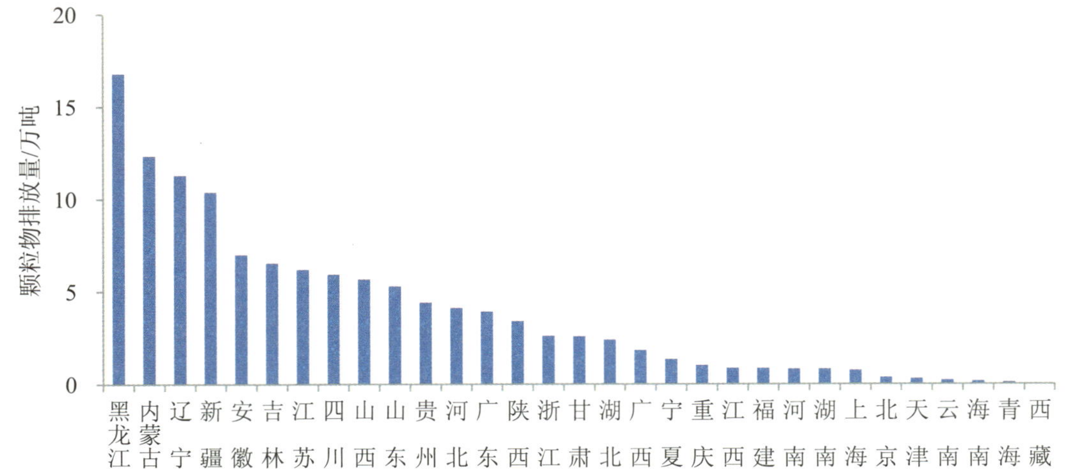

图 3-16　2016 年各地区电力、热力生产和供应业颗粒物排放情况

2016 年，火力发电企业颗粒物排放量为 80.4 万吨，占全国工业源颗粒物排放量的 5.8%。火力发电企业颗粒物排放量排名前 4 位的地区依次为内蒙古、黑龙江、安徽和四川。4 个地区的火电厂颗粒物排放量占全国火电厂颗粒物排放量的 38.3%。2016 年各地区火力发电企业颗粒物排放情况见图 3-17。

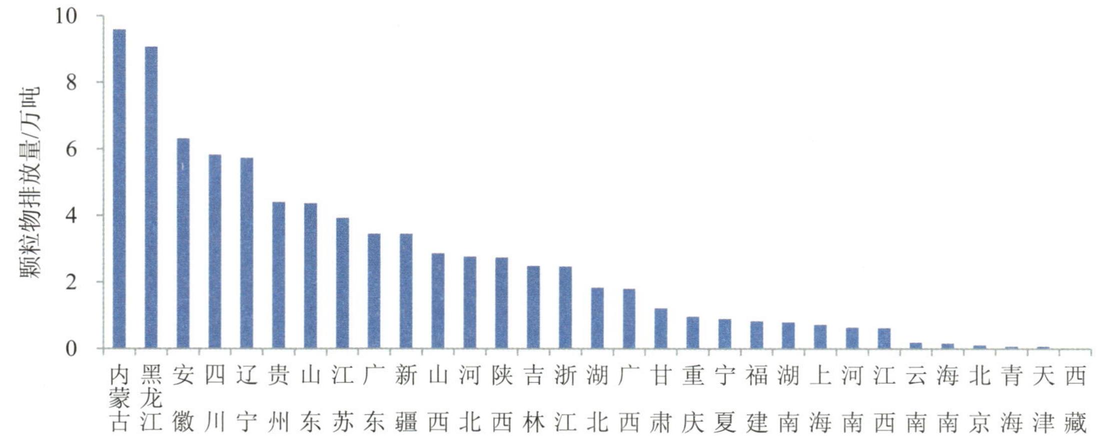

图 3-17　2016 年各地区火力发电企业颗粒物排放情况

3.3.3.3　非金属矿物制品业

2016 年，非金属矿物制品业颗粒物排放量为 402.6 万吨，占全国工业源颗粒物排放量的 29.2%。非金属矿物制品业颗粒物排放量排名前 4 位的地区依次为安徽、广东、江西和湖南。4 个地区的非金属矿物制品业颗粒物排放量占全国非金属矿物制品业颗粒物排放量的 31.8%。2016 年各地区非金属矿物制品业颗粒物排放情况见图 3-18。

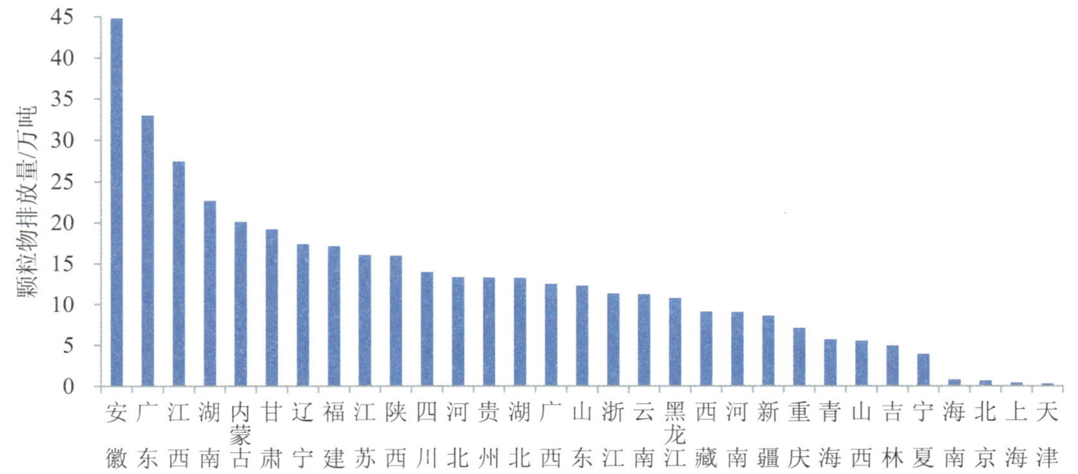

图 3-18　2016 年各地区非金属矿物制品业颗粒物排放情况

2016 年，水泥企业颗粒物排放量为 225.2 万吨，占全国非金属矿物制品业颗粒物排放量的 55.9%。水泥企业颗粒物排放量排名前 4 位的地区依次为安徽、甘肃、湖南和广东。4 个地区的水泥企业颗粒物排放量占全国水泥企业颗粒物排放量的 35.4%。2016 年各地区水泥企业颗粒物排放情况见图 3-19。

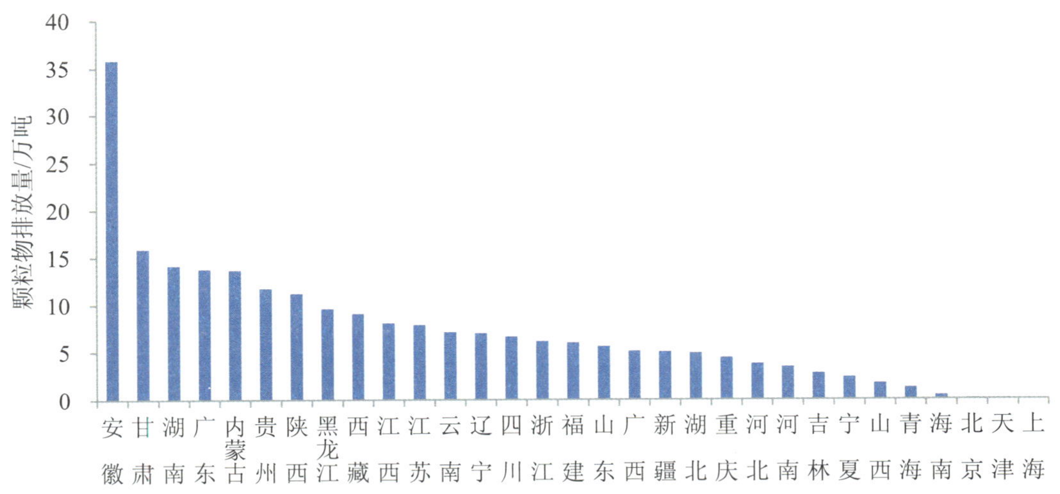

图 3-19　2016 年各地区水泥企业颗粒物排放情况

3.3.3.4　黑色金属冶炼和压延加工业

2016 年，黑色金属冶炼和压延加工业颗粒物排放量为 178.6 万吨，占全国工业源颗粒物排放量的 13.0%。黑色金属冶炼和压延加工业颗粒物排放量排名前 4 位的地区依次为江苏、甘肃、辽宁和河北。4 个地区的黑色金属冶炼和压延加工业颗粒物排放量占全国黑色金属冶炼和压延加工业颗粒物排放量的 42.7%。2016 年各地区黑色金属冶炼和压延加工业颗粒物排放情况见图 3-20。

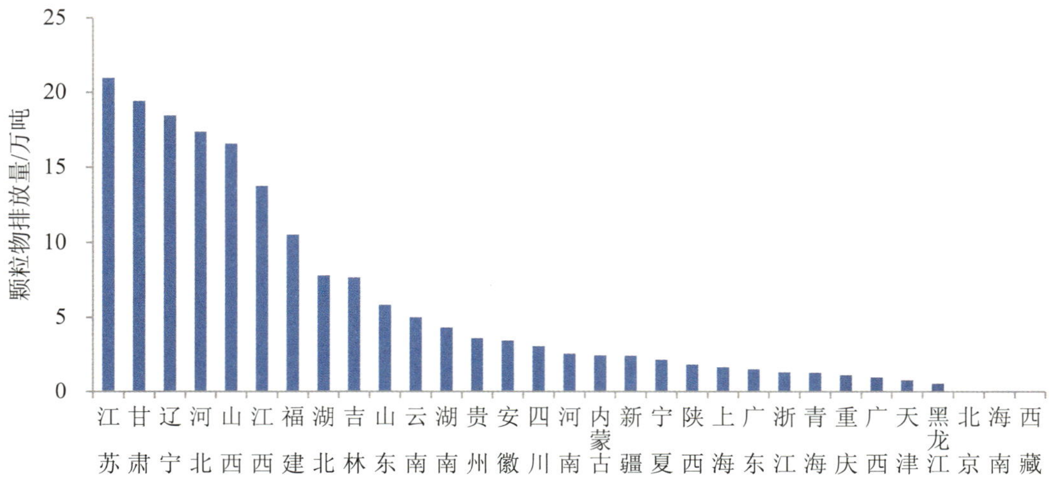

图 3-20　2016 年各地区黑色金属冶炼和压延加工业颗粒物排放情况

4

工业固体废物和危险废物

4.1 一般工业固体废物产生、综合利用和处置情况

4.1.1 全国及各地区产生、综合利用和处置情况

2016 年，全国一般工业固体废物产生量为 37.1 亿吨，综合利用量为 21.1 亿吨，处置量为 8.5 亿吨。

一般工业固体废物产生量排名前 5 位的地区依次为山西、河北、内蒙古、山东和辽宁，均超过 2 亿吨，分别占全国一般工业固体废物产生量的 11.0%、9.3%、8.3%、7.1% 和 5.6%。

2016 年各地区一般工业固体废物产生情况见图 4-1。

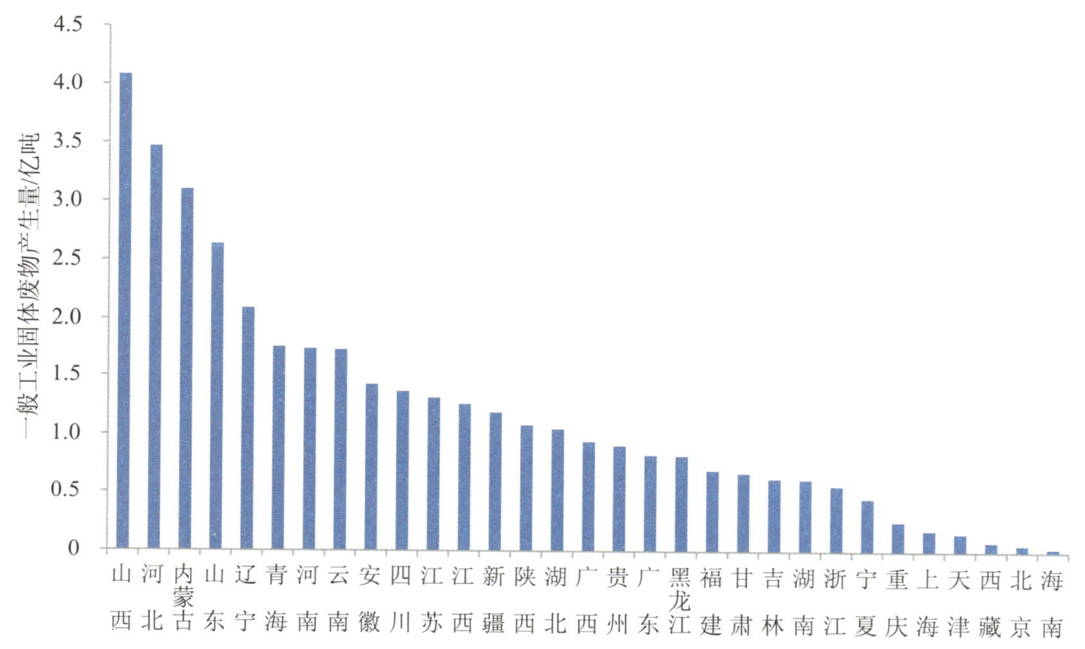

图 4-1　2016 年各地区一般工业固体废物产生情况

一般工业固体废物综合利用量排名前 5 位的地区依次为山东、河北、山西、安徽和江苏，分别占全国一般工业固体废物综合利用量的 10.6%、8.4%、8.4%、5.6%和 5.5%。2016 年各地区一般工业固体废物综合利用情况见图 4-2。

一般工业固体废物处置量较大的地区主要为山西和内蒙古，处置量分别为 1.9 亿吨和 1.2 亿吨，分别占全国一般工业固体废物处置量的 22.5%和 13.5%。2016 年各地区一般工业固体废物处置情况见图 4-3。

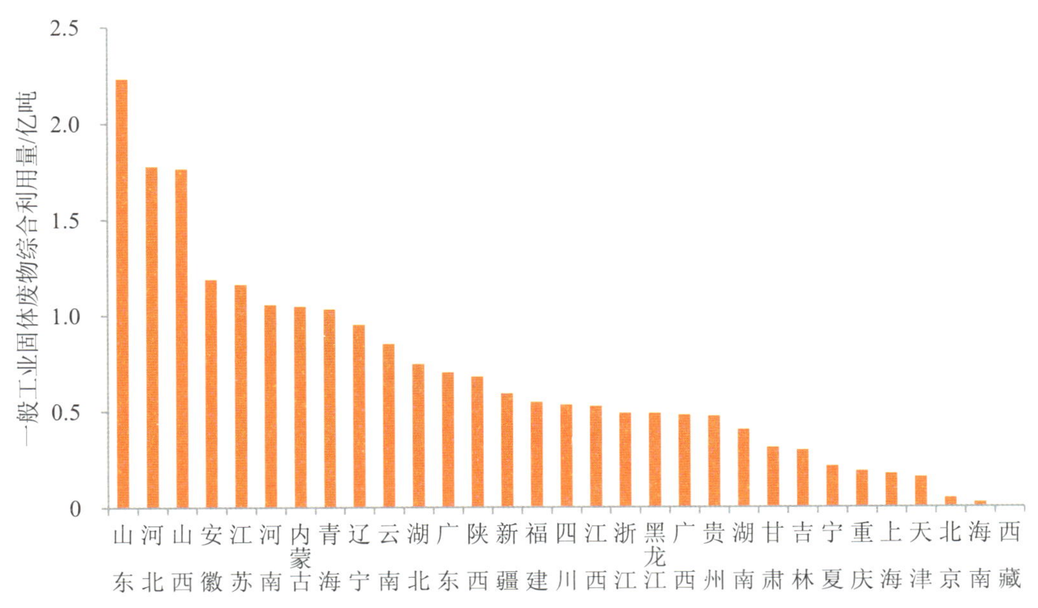

图 4-2　2016 年各地区一般工业固体废物综合利用情况

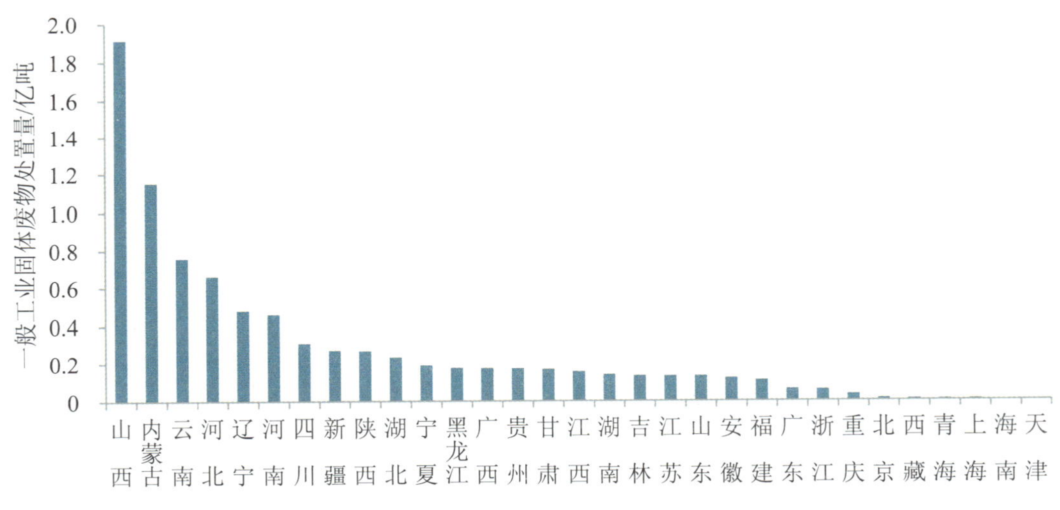

图 4-3　2016 年各地区一般工业固体废物处置情况

4.1.2　各工业行业产生、综合利用和处置情况

一般工业固体废物产生量有 9 个行业超过 1 亿吨，排名前 5 位的行业依次为电力、热力生产和供应业，黑色金属矿采选业，煤炭开采和洗选业，有色金属矿采选业，黑色金属冶炼和压延加工业，分别占全国一般工业固体废物产生量的 19.1%、13.9%、13.2%、13.1%和 12.6%。2016 年一般工业固体废物产生量行业构成见图 4-4。

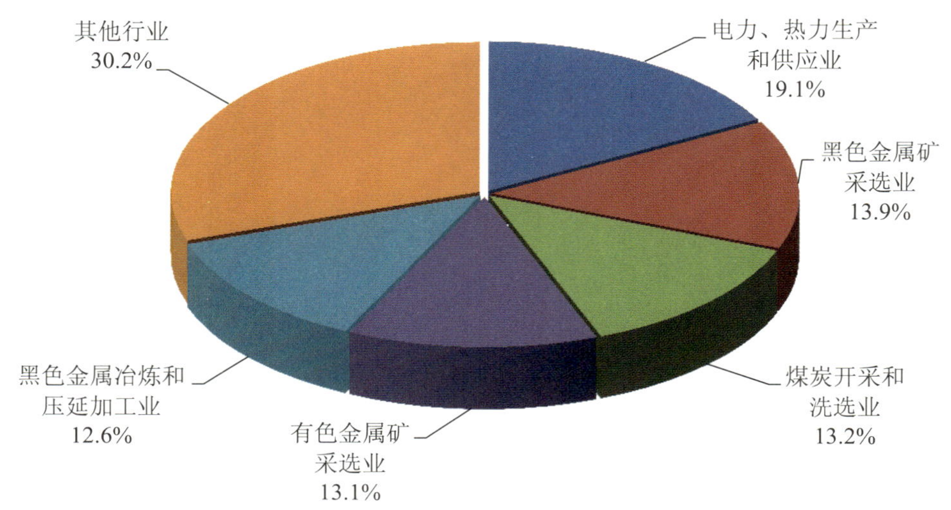

图 4-4 2016 年一般工业固体废物产生量行业构成

一般工业固体废物综合利用量排名前 5 位的行业依次为电力、热力生产和供应业，黑色金属冶炼和压延加工业，煤炭开采和洗选业，化学原料和化学制品制造业，非金属矿物制品业，均超过 1 亿吨，分别占全国一般工业固体废物综合利用量的 23.7%、19.5%、12.5%、11.1%和 4.8%。

一般工业固体废物处置量排名前 5 位的行业依次为煤炭开采和洗选业，黑色金属矿采选业，有色金属矿采选业，电力、热力生产和供应业，化学原料和化学制品制造业，分别占全国工业一般工业固体废物处置量的 22.0%、20.2%、19.9%、11.1%和 6.7%。

2016 年工业行业一般工业固体废物综合利用和处置情况见图 4-5。

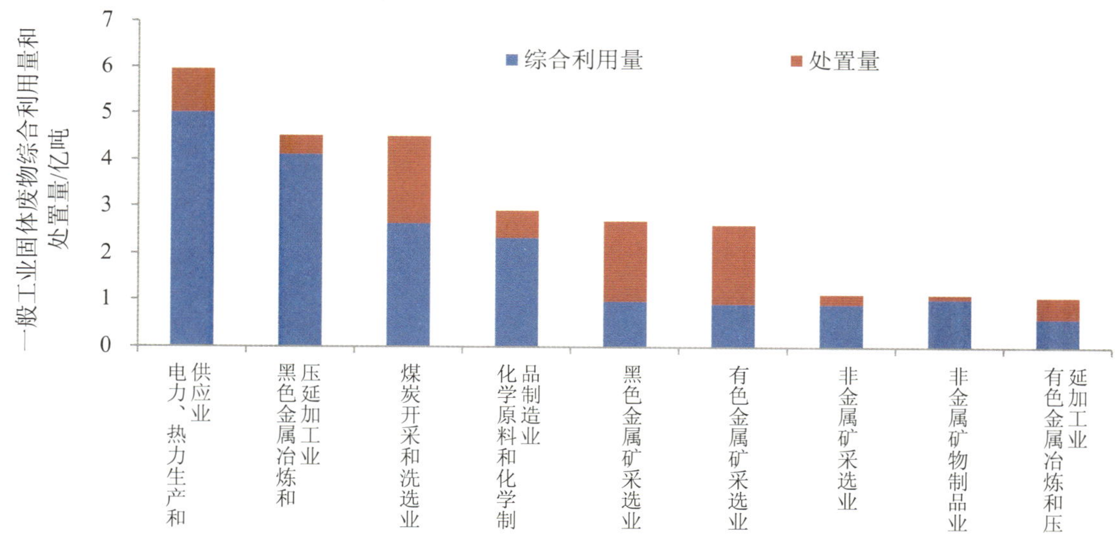

图 4-5 2016 年主要行业一般工业固体废物综合利用和处置情况

4.2 危险废物产生和利用处置情况

4.2.1 全国及各地区产生和利用处置情况

2016 年，全国工业危险废物产生量为 5 219.5 万吨，全国工业危险废物利用处置量为 4 317.2 万吨。

工业危险废物产生量排名前 5 位的地区依次是山东、湖南、江苏、浙江和云南，分别占全国工业危险废物产生量的 9.9%、9.3%、8.4%、7.4%和 6.2%。2016 年各地区工业危险废物产生情况见图 4-6。

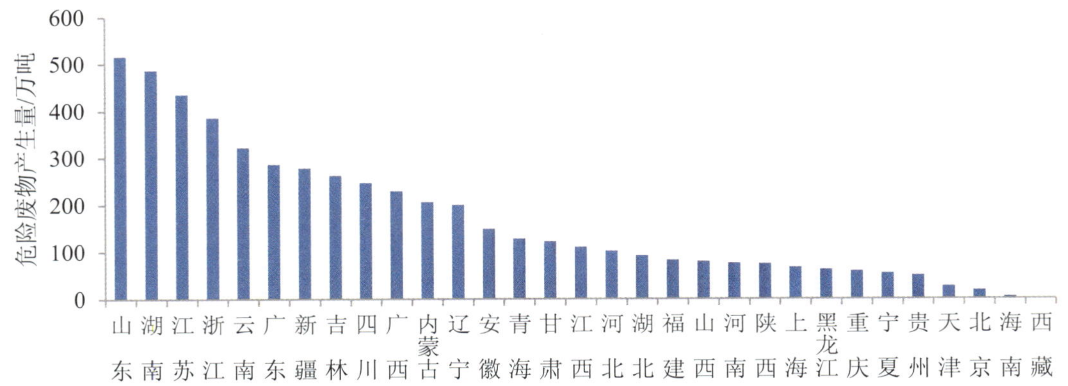

图 4-6　2016 年各地区工业危险废物产生情况

工业危险废物利用处置量排名前 5 位的地区依次为山东、湖南、江苏、浙江和广东，分别占全国工业危险废物利用处置量的 10.8%、9.4%、9.1%、8.4%和 6.4%。2016 年各地区工业危险废物利用处置情况见图 4-7。

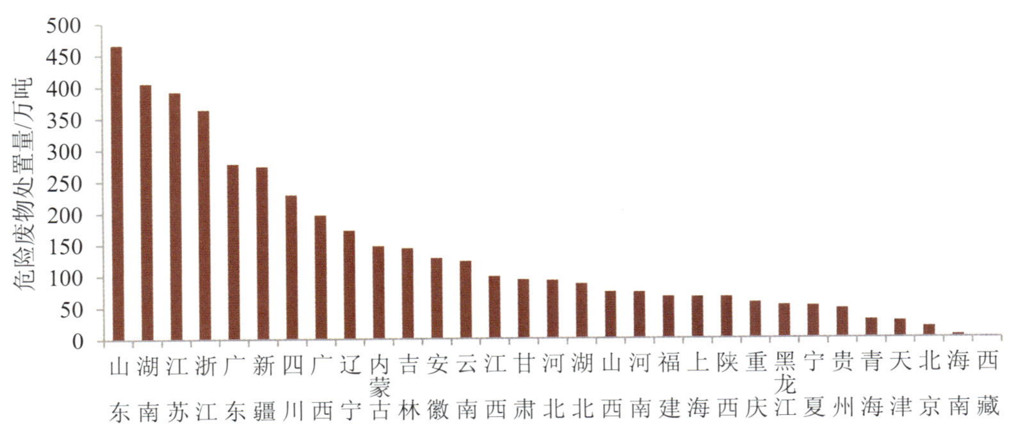

图 4-7　2016 年各地区工业危险废物利用处置情况

4.2.2 各工业行业产生和利用处置情况

工业危险废物产生量排名前 5 位的行业依次为化学原料和化学制品制造业，有色金属冶炼和压延加工业，有色金属矿采选业，石油、煤炭及其他燃料加工业，黑色金属冶炼和压延加工业。5 个行业的工业危险废物产生量占全国工业危险废物产生量的 62.9%。2016 年工业危险废物产生量行业分布情况见图 4-8。

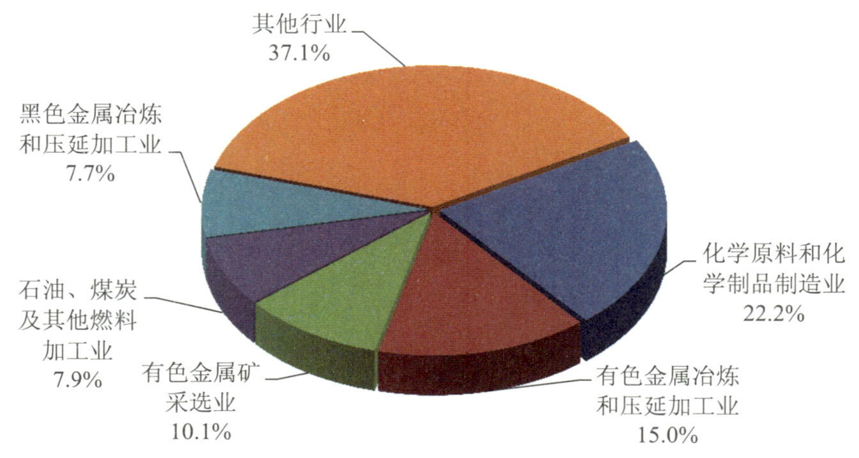

图 4-8　2016 年工业危险废物产生量行业分布情况

工业危险废物利用处置量排名前 5 位的行业依次为化学原料和化学制品制造业，有色金属冶炼和压延加工业，石油、煤炭及其他燃料加工业，黑色金属冶炼和压延加工业，造纸和纸制品业。5 个行业的工业危险废物利用处置量占全国工业危险废物利用处置量的 65.1%。2016 年工业行业危险废物利用处置情况见图 4-9。

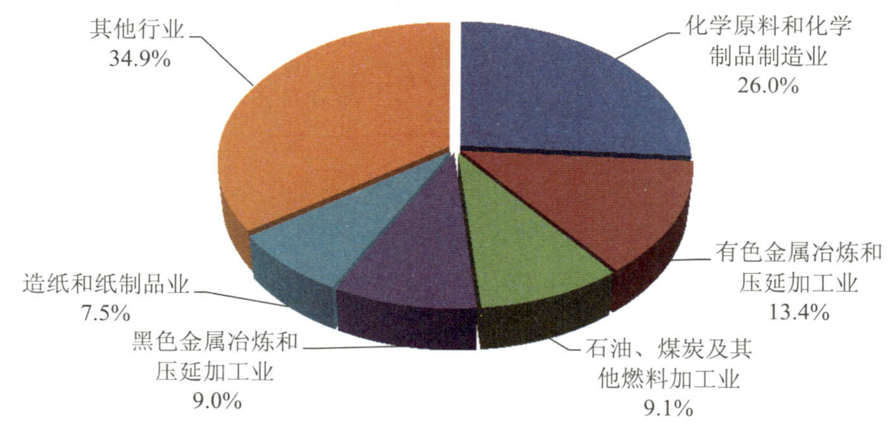

图 4-9　2016 年工业行业危险废物利用处置情况

5

污染治理设施

5.1　工业企业污染治理情况

5.1.1　工业废水治理情况

2016 年，全国纳入调查的涉水工业企业共有 81 948 家，废水治理设施共有 63 477 套，设计处理能力为 2 亿吨/日，年运行费用为 627 亿元，全年共处理工业废水 313 亿吨。工业废水治理设施数量排名前 3 位的地区依次为广东、浙江和江苏，工业废水处理量排名前 3 位的地区依次为河北、江苏和山东。2016 年各地区工业废水治理设施数见图 5-1。2016 年各地区工业废水处理情况见图 5-2。

在调查统计的 42 个行业中，废水治理设施数量排名前 3 位的行业依次为化学原料和化学制品制造业、农副食品加工业以及金属制品业。工业废水处理量排名前 3 位的行业依次为黑色金属冶炼和压延加工业、造纸和纸制品业以及化学原料和化学制品制造业。2016 年工业行业废水治理设施数占比见图 5-3。2016 年工业行业废水处理量占比见图 5-4。

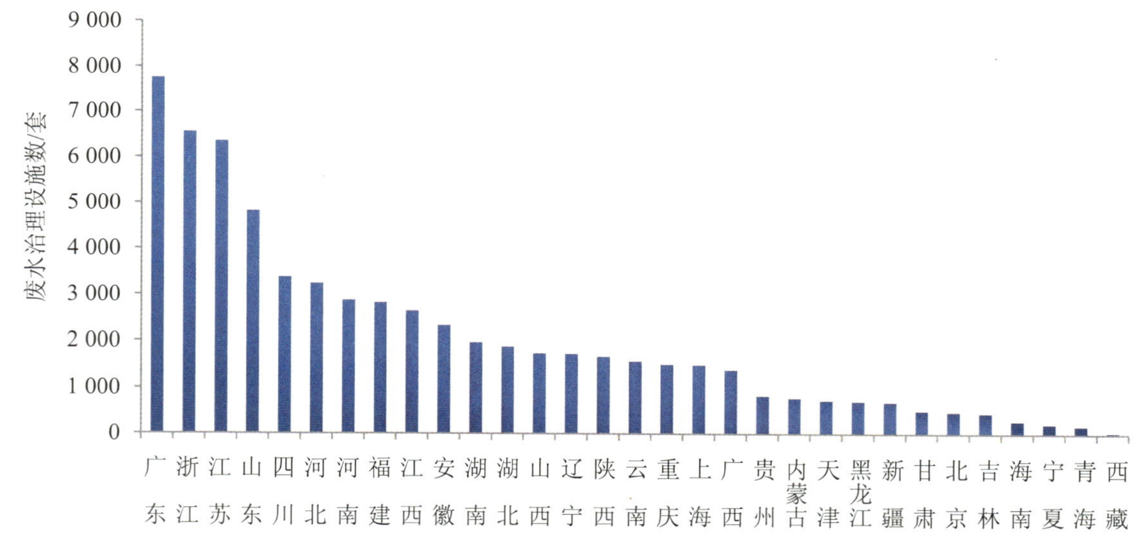

图 5-1　2016 年各地区工业废水治理设施数

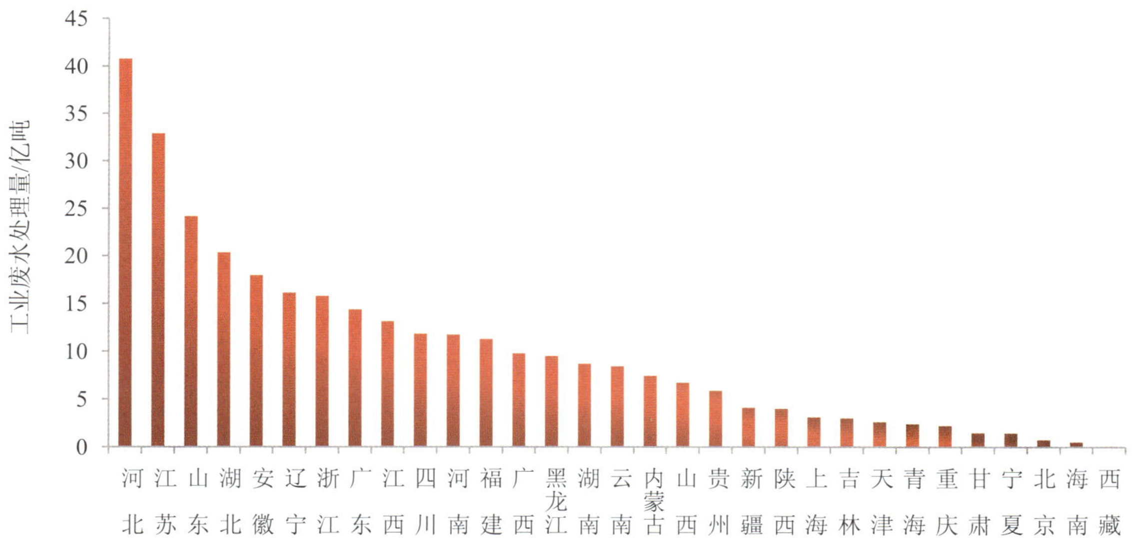

图 5-2　2016 年各地区工业废水处理情况

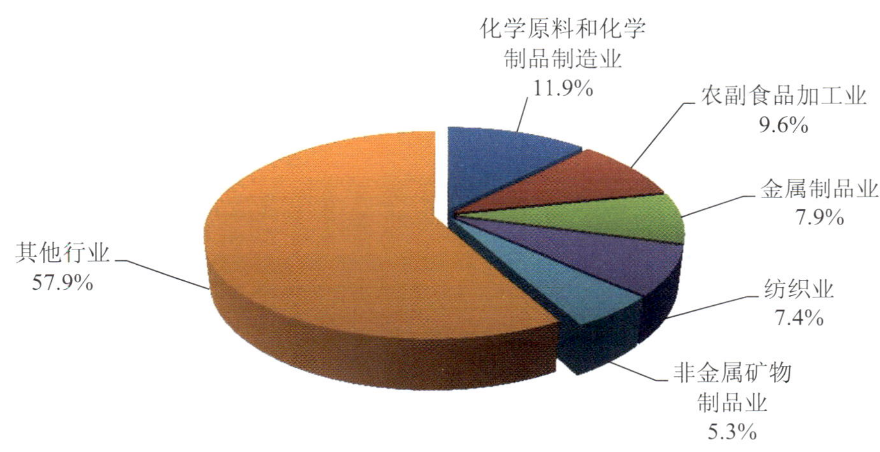

图 5-3　2016 年工业行业废水治理设施数占比

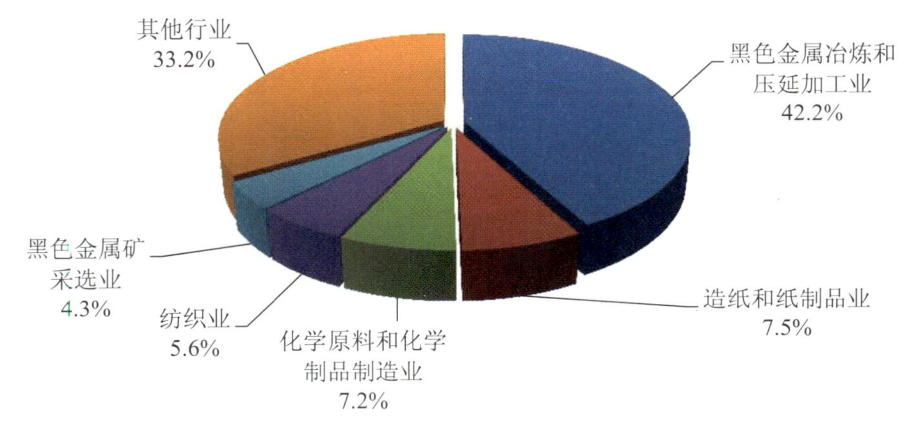

图 5-4　2016 年工业行业废水处理量占比

5.1.2 工业废气治理情况

2016 年，全国纳入调查的涉气工业企业共有 107 312 家，废气治理设施共有 158 682 套，其中脱硫设施 30 700 套、脱硝设施 10 124 套、除尘设施 101 427 套、VOCs 治理设施 16 431 套，年运行费用为 2 388.7 亿元。工业废气治理设施数量排名前 3 位的地区依次为山东、广东和山西。2016 年各地区废气治理设施数见图 5-5。

在调查统计的 42 个行业中，废气治理设施数量排名前 3 位的行业依次为非金属矿物制品业，电力、热力生产和供应业以及化学原料和化学制品制造业。2016 年工业行业废气治理设施数占比见图 5-6。

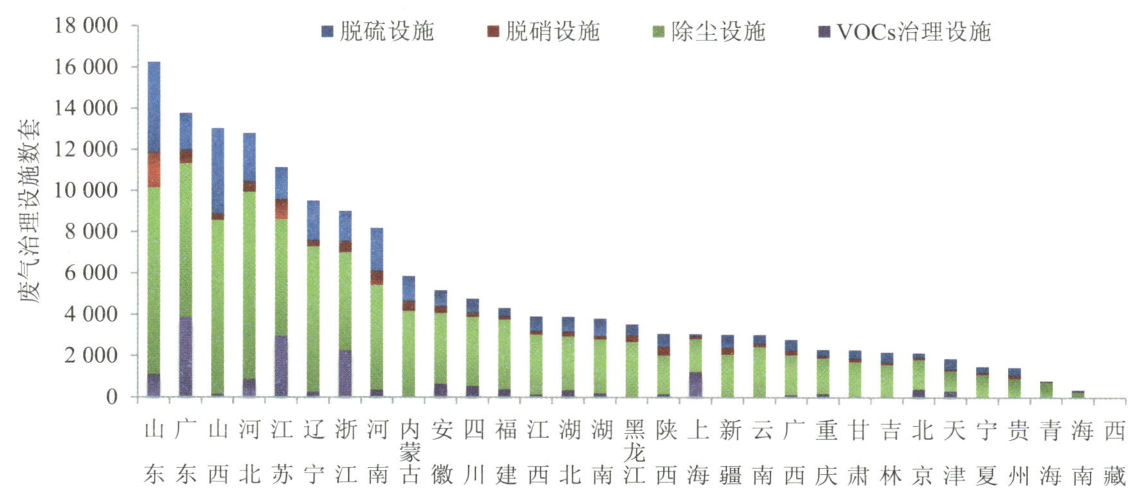

图 5-5　2016 年各地区废气治理设施数

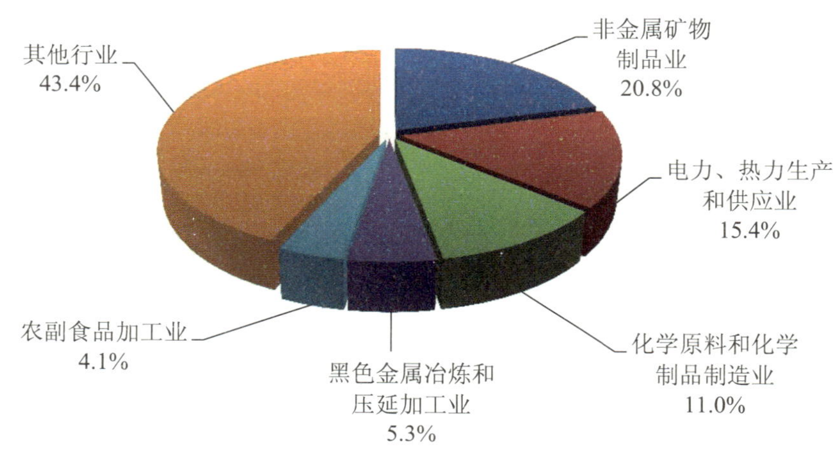

图 5-6　2016 年工业行业废气治理设施数占比

5.2 集中式污染治理设施污染治理情况

5.2.1 污水处理厂情况

2016 年，全国纳入调查的污水处理厂共有 7 103 家。污水处理厂设计处理能力为 20 780.4 万吨/日，年运行费用为 539.9 亿元。全年共处理污水 585.8 亿吨，其中，处理生活污水 512.5 亿吨，占污水总处理量的 87.5%。共去除化学需氧量 1 381.3 万吨、氨氮 131.2 万吨、总氮 144.7 万吨、总磷 16.9 万吨。污水处理厂的污泥产生量为 1 789.2 万吨，污泥处置量为 1 785.2 万吨。2016 年各地区污水处理情况见图 5-7。

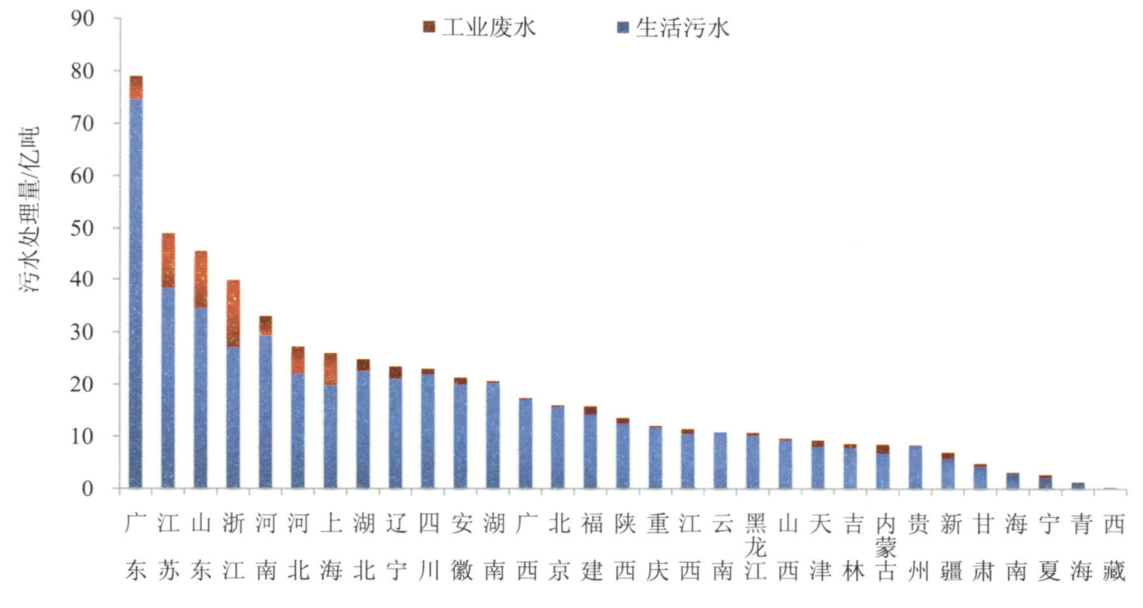

图 5-7 2016 年各地区污水处理情况

5.2.2 生活垃圾处理场（厂）情况

2016 年，全国纳入调查的生活垃圾处理场（厂）共 2 327 家，年运行费用为 83.6 亿元。生活垃圾填埋量 1.8 亿吨，堆肥量 288.1 万吨，焚烧处理量 7 718.3 万吨，其他方式处理量 323.2 万吨。渗滤液中化学需氧量排放量为 4.6 万吨，氨氮排放量为 6 545 吨；焚烧废气二氧化硫排放量为 1 118.3 吨，氮氧化物排放量为 2 613.0 吨，颗粒物排放量为 1 178.6 吨。2016 年各地区生活垃圾处理情况见图 5-8。

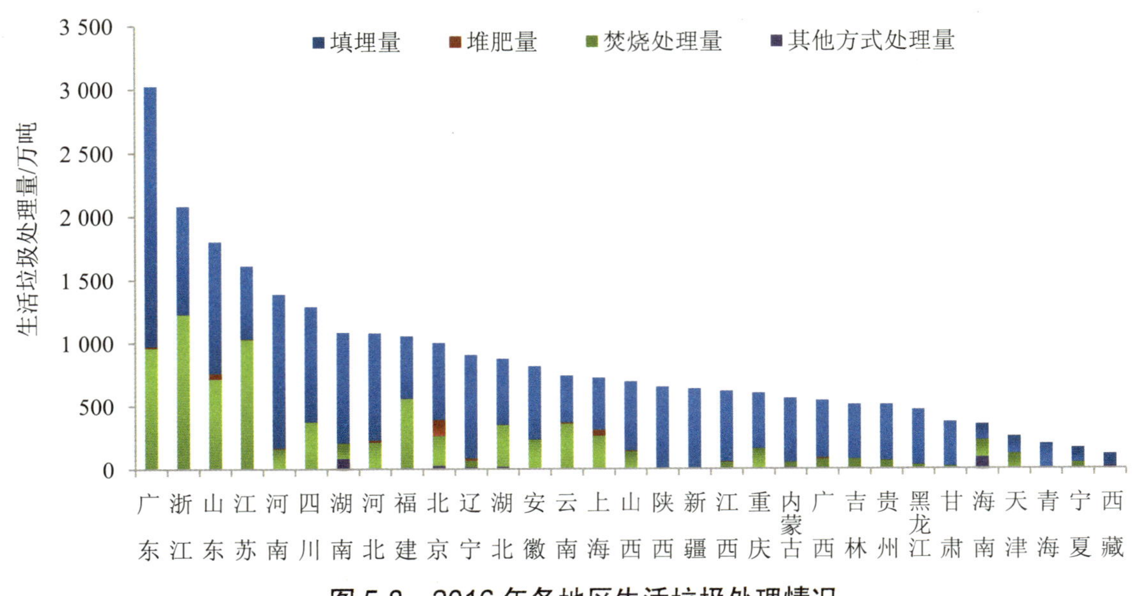

图 5-8　2016 年各地区生活垃圾处理情况

5.2.3　危险废物（医疗废物）集中处理厂情况

2016 年，全国纳入调查的危险废物集中处理厂 938 家，医疗废物集中处理厂 260 家，协同处置的企业 97 家。年运行费用为 118.6 亿元，设计处置能力 24.5 万吨/日。危险废物实际综合利用量为 894.3 万吨；实际处置危险废物 904.4 万吨，其中处置工业危险废物 757.2 万吨，占总处置量的 83.7%，处置医疗废物 84.3 万吨，处置其他危险废物 62.8 万吨。2016 年各地区危险废物（医疗废物）集中处置情况见图 5-9。

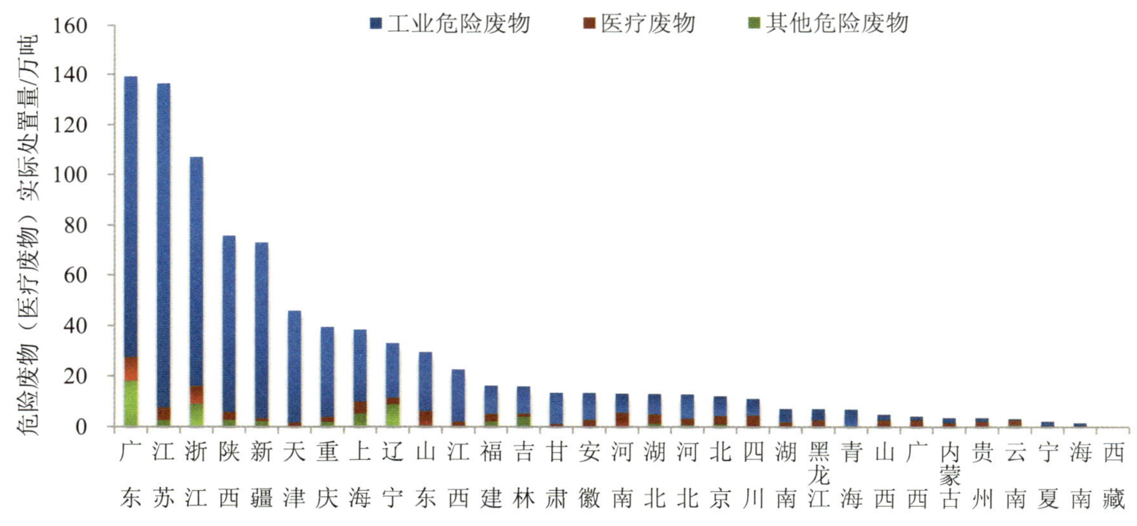

图 5-9　2016 年各地区危险废物（医疗废物）集中处置情况

6

生态环境污染治理投资

6.1 总体情况

6.1.1 环境污染治理投资总额

环境污染治理投资包括老工业污染源治理投资、建设项目“三同时”环保投资、城市环境基础设施建设投资三个部分。2016 年，全国环境污染治理投资总额为 9 219.8 亿元，占国内生产总值（GDP）的 1.24%，占全社会固定资产投资总额的 1.52%。其中，城市环境基础设施建设投资为 5 412.0 亿元，老工业污染源治理投资为 819.0 亿元，建设项目“三同时”环保投资为 2 988.8 亿元，分别占环境污染治理投资总额的 58.7%、8.9%和 32.4%。2016 年全国环境污染治理投资情况见表 6-1。

表 6-1　2016 年全国环境污染治理投资情况　　单位：亿元

城市环境基础设施建设投资	老工业污染源治理投资	建设项目“三同时”环保投资	投资总额
5 412.0	819.0	2 988.8	9 219.8

注：从 2012 年起，城市环境基础设施建设投资中包括城市的环境基础设施建设投资以及县城的相关投资，下同。

6.1.2 污染治理设施直接投资

污染治理设施直接投资是指直接用于污染治理设施、具有直接环保效益的投资，具体包括老工业污染源治理投资、建设项目“三同时”环保投资以及城市环境基础设施建设投资中用于污水处理及再生利用、污泥处置和垃圾处理设施的投资。因此污染治理设施直接投资的统计口径小于污染治理投资。

2016 年，我国污染治理设施直接投资总额为 4 603.9 亿元，占污染治理投资总额的 49.9%，其中城市环境基础设施建设投资、老工业污染源治理投资和建设项目“三同时”环保投资分别占污染治理设施直接投资的 17.3%、17.8%和 64.9%。建设项目“三同时”环保投资是污染治理设施直接投资的主要来源。2016 年我国污染治理设施直接投资情况见表 6-2。

表 6-2　2016 年我国污染治理设施直接投资情况

污染治理设施直接投资/亿元				占当年环境污染治理投资总额比例/%	占当年 GDP 比例/%
	城市环境基础设施建设投资	老工业污染源治理投资	建设项目“三同时”环保投资		
4 603.9	796.1	819.0	2 988.8	49.9	0.62

6.1.3 各地区环境污染治理投资

2016 年，我国环境污染治理投资总额为 9 219.8 亿元，除西藏、海南、天津、青海、吉林外，其余 26 个地区环境污染治理投资总额超过 100 亿元，见图 6-1。

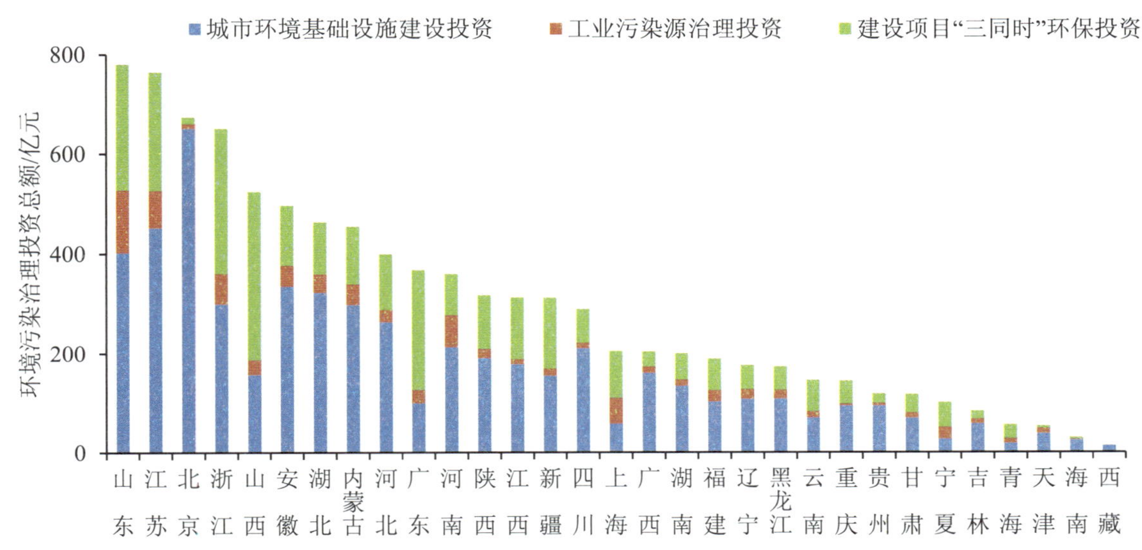

图 6-1　2016 年各地区环境污染治理投资情况

6.2　城市环境基础设施建设投资

2016 年，城市环境基础设施建设投资总额为 5 412.0 亿元，其中，燃气工程建设投资为 532.0 亿元，集中供热工程建设投资为 662.5 亿元，排水工程建设投资为 1 485.5 亿元，园林绿化工程建设投资为 2 170.9 亿元，市容环境卫生工程建设投资为 561.1 亿元。

燃气、集中供热、排水、园林绿化和市容环境卫生投资分别占城市环境基础设施建设总投资的 9.8%、12.3%、27.4%、40.1%和 10.4%。园林绿化和排水设施投资为城市环境基础设施建设投资的重点。

2016 年全国近年城市环境基础设施建设投资构成见表 6-3。

表 6-3　2016 年全国近年城市环境基础设施建设投资构成　　单位：亿元

投资总额	燃气	集中供热	排水	园林绿化	市容环境卫生
5 412.0	532.0	662.5	1 485.5	2 170.9	561.1

6.3 老工业污染源治理投资

2016 年，老工业污染源污染治理本年施工项目为 8 869 个，其中，废水、废气、固体废物、噪声及其他治理项目分别为 1 597 个、5 779 个、215 个、91 个和 1 187 个，分别占本年施工项目数的 18.0%、65.2%、2.4%、1.0%和 13.4%。

2016 年，老工业污染源污染治理投资总额为 819.0 亿元，其中，废水、废气、固体废物、噪声及其他治理项目投资分别为 108.2 亿元、561.5 亿元、38.9 亿元、0.6 亿元和 109.7 亿元，分别占老工业污染源治理投资额的 13.2%、68.6%、4.8%、0.1%和 13.4%。

2016 年老工业污染源治理投资构成见表 6-4。

表 6-4　2016 年老工业污染源治理投资构成　　单位：亿元

投资总额	废水	废气	固体废物	噪声	其他
819.0	108.2	561.5	38.9	0.6	109.7

6.4 建设项目“三同时”环保投资

2016 年，建设项目“三同时”环保投资 2 988.8 亿元，占建设项目投资总额的 2.8%。2016 年全国建设项目“三同时”环保投资情况见表 6-5。

表 6-5　2016 年全国建设项目“三同时”环保投资情况

环保投资额/亿元	占建设项目投资总额/%	占全社会固定资产投资总额/%	占环境治理投资总额/%
2 988.8	2.8	0.49	32.4

7

生态环境管理

7.1 环境信访、环境法制及环境应急情况

2016 年，全国各级环保系统承办的人大建议 8 245 件，政协提案 10 778 件。全国环境行政处罚案件立案 13.8 万件，环境行政复议案件 562 件。

2016 年，全国当年颁布地方性环保法规 61 件，累计有效的地方性环保法规 379 件。当年颁布地方政府环保规章 31 件，累计有效的政府环保规章 295 件。

2016 年，环境保护部共接到群众环保微信举报 65 831 件，办结 49 087 件。

2016 年，全国发生突发环境事件 304 次，其中重大环境事件 3 次，较大环境事件 5 次，一般环境事件 296 次。

2016 年，全国地级以上城市启动重污染天气应急预案 922 次，启动天数 3 507 天。

7.2 环境科技与标准情况

2016 年，全国当年发布的地方环境保护标准 58 项，全国当年开展强制性清洁生产审核评估企业 3 580 家。

7.3 环境影响评价情况

2016 年，全国共审批建设项目环境影响评价文件 16.7 万项，审批和备案的建设项目投资总额为 333 971.5 亿元，审批和备案的建设项目环保投资总额为 13 270.7 亿元。

7.4 环境监测情况

2016 年，全国环境监测部门/机构 3 503 个，环境监测人员 64 253 人。全国监测用房总面积为 316.7 万平方米，监测业务经费为 132.1 亿元。环境监测仪器 33.2 万台（套），仪器设备原值为 408.8 亿元。

全国环境空气监测点位 3 839 个，酸雨监测点位 803 个，沙尘天气影响环境质量监测点位 75 个，地表水水质监测断面 11 426 个，集中式饮用水水源地监测点位 4 856 个，近

岸海域监测点位 1 029 个，开展环境噪声监测的监测点位 79 119 个，开展污染源监督性监测的重点企业 28 683 家。

7.5 自然生态保护与建设情况

2016 年，全国各类自然保护区共计 2 750 个，自然保护区面积为 14 733.2 万公顷，约占国土面积的 14.9%。

7.6 辐射环境监测情况

2016 年，全国辐射环境监测用房面积为 90 138 平方米，辐射环境监测仪器设备原值总值为 12.2 亿元，辐射环境监测仪器设备数量为 10 372 台（套）。

7.7 环境监察执法情况

2016 年，全国已实施自动监控的国家重点监控企业有 9 918 家，其中已实施自动监控的废水排放口 6 446 个，废气排放口 9 306 个。实施自动监控的国家重点监控企业中，化学需氧量监控设备与环境保护部门稳定联网的有 6 430 家，氨氮监控设备与环境保护部门稳定联网的有 5 829 家，二氧化硫监控设备与环境保护部门稳定联网的有 8 315 家，氮氧化物监控设备与环境保护部门稳定联网的有 8 099 家，烟尘监控设备与环境保护部门稳定联网的有 8 861 家。

2016 年，全国排污费解缴入库单位共 26.7 万户，入库金额为 200.9 亿元。

2016 年，全国环境监察执法人员共 80 104 人，持有环境监察执法证件人员共 55 435 人，纳入日常监管随机抽查信息库的污染源共 689 226 家，日常监管随机抽查污染源共 409 835 家（次）。

2016 年，全年下达处罚决定书共 12.5 万件，罚没款金额共 66.3 亿元。

8

全国辐射环境水平

8.1 环境电离辐射

2016 年，全国环境电离辐射水平处于本底涨落范围内。实时连续空气吸收剂量率和累积剂量处于当地天然本底涨落范围内。空气中天然放射性核素活度浓度处于本底水平，人工放射性核素活度浓度未见异常。长江、黄河、珠江、松花江、淮河、海河、辽河七大流域和浙闽片河流、西北诸河、西南诸河及重点湖泊（水库）中天然放射性核素活度浓度处于本底水平，人工放射性核素活度浓度未见异常。城市集中式饮用水水源地水及地下饮用水中总 α 活度和总 β 活度浓度低于《生活饮用水卫生标准》（GB 5749—2006）规定的指导值。近岸海域海水和海洋生物中天然放射性核素活度浓度处于本底水平，人工放射性核素活度浓度未见异常，其中海水中人工放射性核素活度浓度远低于《海水水质标准》（GB 3097—1997）规定的限值。土壤中天然放射性核素活度浓度处于本底水平，人工放射性核素活度浓度未见异常。

8.2 运行核电基地周围环境电离辐射

运行核电基地周围未监测到因核电厂运行引起的实时连续空气吸收剂量率异常。阳江核电基地、红沿河核电基地、福清核电基地、防城港核电基地和昌江核电基地周围空气、水、土壤、生物等环境介质中人工放射性核素活度浓度均未见异常，秦山核电基地和田湾核电基地周围个别气溶胶样品中检出微量的钴-60 等人工放射性核素，秦山核电基地、大亚湾核电基地、田湾核电基地和宁德核电基地周围部分环境介质中氚活度浓度与核电厂运行前本底相比略有升高。评估结果表明，核电厂运行对公众造成的辐射剂量均远低于国家规定的剂量限值，未对环境安全和公众健康造成影响。

8.3 民用研究堆周围环境电离辐射

清华大学核能与新能源技术研究院和深圳大学微堆等设施周围环境 γ 辐射空气吸收剂量率，气溶胶、沉降物、水和土壤中人工放射性核素活度浓度未见异常。中国原子能科学研究院和中国核动力研究设计院周围部分环境介质中检出微量的钴-60 和碘-131 等人工放射性核素，评估结果表明，对公众造成的辐射剂量远低于国家规定的剂量限值，未对环境安全和公众健康造成影响。

8.4 核燃料循环设施和废物处置设施周围环境电离辐射

中核兰州铀浓缩有限公司、中核陕西铀浓缩有限公司、中核北方核燃料元件有限公司、中核建中核燃料元件有限公司和中核四〇四有限公司等的核燃料循环设施，以及西北低中放固体废物处置场和广东低中放固体废物北龙处置场周围环境 γ 辐射空气吸收剂量率处于当地天然本底涨落范围内，环境介质中与上述企业活动相关的放射性核素活度浓度未见异常。

8.5 铀矿冶周围环境电离辐射

铀矿冶设施周围辐射环境质量总体稳定。周围环境 γ 辐射空气吸收剂量率、空气中氡活度浓度、气溶胶中总 α 活度浓度、地表水中总铀和镭-226 浓度与历年处于同一水平，周边饮用水中总铀浓度、铅-210 浓度、钋-210 浓度和镭-226 浓度低于《铀矿冶辐射防护和环境保护规定》（GB 23727—2009）的相应限值。

8.6 环境电磁辐射

2016 年，各省会城市环境电磁辐射水平均远低于《电磁环境控制限值》（GB 8702—2014）规定的公众曝露控制限值。监测的大型电磁辐射发射设施、移动通信基站天线周围环境敏感点的电磁辐射水平、输电线和变电站周围环境敏感点工频电场强度和磁感应强度低于《电磁环境控制限值》（GB 8702—2014）规定的公众曝露控制限值。

9 各地区污染排放及治理统计

各地区主要污染物排放情况（一）

Discharge of Key Pollutants by Region（1）

（2016）

单位：吨 （ton）

年份/地区	Year/Region	化学需氧量排放量 Total Volume of COD Discharged	工业源 Industrial	农业源 Agricultural	生活源 Household	集中式污染治理设施 Centralized Treatment
	2016	**6 580 994**	**1 228 259**	**571 052**	**4 735 477**	**46 201**
北　京	BEIJING	62 902	1 723	19 927	40 948	304
天　津	TIANJIN	48 033	3 415	14 749	29 780	88
河　北	HEBEI	252 434	36 311	64 966	150 546	610
山　西	SHANXI	132 191	18 522	7 608	99 714	6 347
内蒙古	INNER MONGOLIA	102 790	43 030	5 611	53 724	425
辽　宁	LIAONING	166 689	42 600	10 915	110 344	2 830
吉　林	JILIN	80 330	20 480	781	58 344	724
黑龙江	HEILONGJIANG	197 912	24 443	6 703	166 146	620
上　海	SHANGHAI	78 801	9 261	2 846	64 362	2 332
江　苏	JIANGSU	578 470	170 668	46 058	361 100	644
浙　江	ZHEJIANG	277 640	70 430	30 269	174 393	2 549
安　徽	ANHUI	338 382	42 652	10 003	282 284	3 442
福　建	FUJIAN	288 809	55 190	29 225	198 183	6 211
江　西	JIANGXI	378 390	93 544	53 770	226 870	4 207
山　东	SHANDONG	338 002	66 972	40 579	230 002	448
河　南	HENAN	313 814	39 269	27 112	246 260	1 173
湖　北	HUBEI	316 897	32 285	11 485	272 522	606
湖　南	HUNAN	351 789	72 053	17 968	260 614	1 154
广　东	GUANGDONG	650 261	87 833	19 077	542 042	1 308
广　西	GUANGXI	305 462	28 924	21 618	254 646	274
海　南	HAINAN	49 034	6 780	7	42 223	23
重　庆	CHONGQING	64 898	21 354	174	43 072	298
四　川	SICHUAN	338 851	59 797	2 059	275 741	1 253
贵　州	GUIZHOU	120 921	10 326	4 980	104 954	661
云　南	YUNNAN	153 469	55 620	3 958	88 031	5 860
西　藏	TIBET	20 773	1 450	0	19 192	131
陕　西	SHAANXI	116 705	27 010	5 176	83 815	703
甘　肃	GANSU	82 102	26 438	4 164	50 878	621
青　海	QINGHAI	29 146	3 152	38	25 886	71
宁　夏	NINGXIA	101 369	19 684	49 699	31 912	74
新　疆	XINJIANG	243 728	37 042	59 527	146 949	210

各地区主要污染物排放情况（二）

Discharge of Key Pollutants by Region（2）

（2016）

单位：吨 （ton）

年份/地区	Year/Region	氨氮排放量 Total Volume of Ammonia Nitrogen Discharged	工业源 Industrial	农业源 Agricultural	生活源 Household	集中式污染治理设施 Centralized Treatment
	2016	**567 704**	**64 502**	**12 537**	**484 089**	**6 578**
北　京	BEIJING	3 771	75	225	3 427	45
天　津	TIANJIN	1 845	253	89	1 493	11
河　北	HEBEI	22 088	2 674	878	18 464	73
山　西	SHANXI	13 776	947	92	11 353	1 384
内蒙古	INNER MONGOLIA	7 293	1 509	58	5 679	47
辽　宁	LIAONING	13 819	1 567	158	11 763	330
吉　林	JILIN	7 108	1 068	36	5 915	90
黑龙江	HEILONGJIANG	18 700	1 143	59	17 379	119
上　海	SHANGHAI	17 410	946	82	16 050	333
江　苏	JIANGSU	45 017	12 692	1 076	31 190	60
浙　江	ZHEJIANG	20 145	2 778	770	16 437	160
安　徽	ANHUI	20 390	1 655	70	18 572	93
福　建	FUJIAN	19 515	2 149	1 457	15 387	522
江　西	JIANGXI	30 647	4 236	2 768	22 772	871
山　东	SHANDONG	28 813	3 414	386	24 980	33
河　南	HENAN	27 122	1 543	402	25 099	78
湖　北	HUBEI	27 388	2 113	533	24 529	213
湖　南	HUNAN	36 448	8 449	708	27 128	163
广　东	GUANGDONG	52 411	2 829	562	48 942	78
广　西	GUANGXI	22 630	1 320	492	20 791	26
海　南	HAINAN	5 707	423	2	5 279	4
重　庆	CHONGQING	7 838	846	31	6 919	42
四　川	SICHUAN	33 985	2 079	98	31 650	158
贵　州	GUIZHOU	13 193	693	136	12 207	157
云　南	YUNNAN	14 472	1 480	100	11 775	1 117
西　藏	TIBET	2 387	19	0	2 339	29
陕　西	SHAANXI	10 464	1 024	157	9 144	139
甘　肃	GANSU	6 621	644	9	5 823	145
青　海	QINGHAI	3 975	271	0	3 691	13
宁　夏	NINGXIA	5 993	1 061	216	4 704	12
新　疆	XINJIANG	26 733	2 605	887	23 208	33

各地区主要污染物排放情况（三）
Discharge of Key Pollutants by Region（3）
（2016）

单位：吨 （ton）

年份/地区	Year/Region	二氧化硫排放量 Total Volume of Sulphur Dioxide Discharged	工业源 Industrial	生活源 Household	集中式污染治理设施 Centralized Treatment
	2016	**8 548 930**	**7 704 689**	**840 128**	**4 118**
北　京	BEIJING	14 989	7 610	7 379	0
天　津	TIANJIN	26 744	22 048	4 628	69
河　北	HEBEI	551 764	472 855	77 833	1 077
山　西	SHANXI	495 896	452 866	42 947	84
内蒙古	INNER MONGOLIA	569 521	516 434	53 087	0
辽　宁	LIAONING	411 235	381 803	29 377	55
吉　林	JILIN	143 951	116 967	26 977	7
黑龙江	HEILONGJIANG	218 644	162 739	55 889	16
上　海	SHANGHAI	65 035	63 573	1 442	20
江　苏	JIANGSU	577 992	564 845	12 896	252
浙　江	ZHEJIANG	133 255	123 811	8 452	992
安　徽	ANHUI	272 046	255 128	16 731	187
福　建	FUJIAN	241 613	235 686	5 907	20
江　西	JIANGXI	458 050	441 392	16 421	238
山　东	SHANDONG	729 757	663 871	65 840	45
河　南	HENAN	386 462	370 878	15 562	22
湖　北	HUBEI	217 836	155 107	62 689	40
湖　南	HUNAN	309 185	216 435	92 733	16
广　东	GUANGDONG	255 568	247 505	7 711	352
广　西	GUANGXI	137 892	136 812	1 049	31
海　南	HAINAN	13 363	13 361	0	2
重　庆	CHONGQING	129 282	111 358	17 855	69
四　川	SICHUAN	307 878	292 393	15 464	20
贵　州	GUIZHOU	353 681	287 586	66 082	14
云　南	YUNNAN	451 745	414 795	36 646	304
西　藏	TIBET	3 458	1 964	1 493	1
陕　西	SHAANXI	250 245	228 334	21 814	98
甘　肃	GANSU	156 749	126 851	29 896	2
青　海	QINGHAI	56 168	52 018	4 123	27
宁　夏	NINGXIA	196 536	192 771	3 732	33
新　疆	XINJIANG	412 390	374 893	37 473	25

各地区主要污染物排放情况（四）
Discharge of Key Pollutants by Region（4）
（2016）

单位：吨　　（ton）

年份/地区	Year/Region	氮氧化物排放量 Total Volume of Nitrogen Oxide Discharged	工业源 Industrial	生活源 Household	机动车 Vehicle	集中式污染治理设施 Centralized Treatment
	2016	**15 033 045**	**8 091 004**	**615 725**	**6 315 965**	**10 356**
北　京	BEIJING	136 608	19 548	14 166	102 874	21
天　津	TIANJIN	130 756	52 032	7 265	71 344	115
河　北	HEBEI	1 268 318	655 715	55 033	555 329	2 241
山　西	SHANXI	751 902	499 329	30 955	221 486	132
内蒙古	INNER MONGOLIA	662 608	455 058	43 927	163 623	1
辽　宁	LIAONING	759 172	429 421	31 292	298 425	34
吉　林	JILIN	289 787	122 735	26 262	140 772	19
黑龙江	HEILONGJIANG	500 475	223 275	76 566	200 484	150
上　海	SHANGHAI	169 552	74 053	4 421	90 777	301
江　苏	JIANGSU	1 051 680	620 164	13 021	417 572	923
浙　江	ZHEJIANG	444 228	213 662	6 264	222 162	2 140
安　徽	ANHUI	700 782	385 396	13 735	301 300	352
福　建	FUJIAN	310 521	182 064	3 517	124 855	85
江　西	JIANGXI	454 253	258 427	8 240	187 278	309
山　东	SHANDONG	1 417 763	773 679	40 543	603 359	181
河　南	HENAN	820 924	348 283	15 986	456 589	66
湖　北	HUBEI	400 370	168 620	33 121	198 511	118
湖　南	HUNAN	509 136	272 771	56 359	179 947	60
广　东	GUANGDONG	797 660	371 260	9 578	415 965	857
广　西	GUANGXI	373 584	204 789	924	167 481	391
海　南	HAINAN	55 963	29 833	192	25 910	28
重　庆	CHONGQING	207 206	97 458	8 167	100 623	957
四　川	SICHUAN	570 612	295 513	13 659	261 244	196
贵　州	GUIZHOU	349 888	230 112	16 880	102 858	37
云　南	YUNNAN	412 245	232 103	18 553	161 383	206
西　藏	TIBET	39 796	8 450	438	30 907	2
陕　西	SHAANXI	394 431	215 728	16 727	161 644	332
甘　肃	GANSU	250 528	125 814	15 341	109 372	1
青　海	QINGHAI	91 304	55 015	5 024	31 228	38
宁　夏	NINGXIA	211 742	151 887	2 923	56 917	15
新　疆	XINJIANG	499 251	318 812	26 646	153 746	48

各地区主要污染物排放情况（五）
Discharge of Key Pollutants by Region（5）
（2016）

单位：吨　　　　　　　　　　　　　　　　　　　　　　（ton）

年份/地区	Year/Region	颗粒物排放量 Total Volume of Particulate Matter Discharged	工业源 Industrial	生活源 Household	机动车 Vehicle	集中式污染治理设施 Centralized Treatment
	2016	**16 080 107**	**13 761 577**	**2 192 114**	**122 757**	**3 662**
北　京	BEIJING	49 678	16 953	31 390	1 334	1
天　津	TIANJIN	52 791	28 832	22 895	1 058	5
河　北	HEBEI	819 863	612 939	191 328	14 544	1 052
山　西	SHANXI	1 071 206	947 595	119 943	3 075	592
内蒙古	INNER MONGOLIA	1 244 166	1 074 864	164 224	5 078	1
辽　宁	LIAONING	839 452	743 123	88 305	8 002	22
吉　林	JILIN	386 399	272 207	112 083	2 107	3
黑龙江	HEILONGJIANG	780 301	450 211	326 286	3 761	44
上　海	SHANGHAI	48 192	41 521	5 574	1 087	9
江　苏	JIANGSU	804 329	733 566	64 758	5 819	187
浙　江	ZHEJIANG	391 238	374 347	13 077	3 608	206
安　徽	ANHUI	979 186	926 625	47 716	4 798	47
福　建	FUJIAN	674 564	660 901	11 518	2 118	28
江　西	JIANGXI	682 550	649 483	29 664	3 199	204
山　东	SHANDONG	622 649	452 253	157 501	12 850	46
河　南	HENAN	380 623	323 629	43 541	13 426	27
湖　北	HUBEI	506 226	369 990	133 098	3 115	23
湖　南	HUNAN	701 195	459 258	238 263	3 560	114
广　东	GUANGDONG	781 024	755 552	18 932	6 398	143
广　西	GUANGXI	381 431	376 618	1 948	2 818	47
海　南	HAINAN	22 488	22 001	18	463	7
重　庆	CHONGQING	176 287	156 736	17 750	1 573	228
四　川	SICHUAN	418 231	386 783	27 475	3 895	77
贵　州	GUIZHOU	492 483	483 201	7 201	2 063	19
云　南	YUNNAN	562 565	478 537	80 281	3 354	392
西　藏	TIBET	93 968	91 995	1 452	520	0
陕　西	SHAANXI	567 409	506 057	58 422	2 859	71
甘　肃	GANSU	595 069	534 387	58 350	2 332	0
青　海	QINGHAI	137 617	122 089	14 969	539	20
宁　夏	NINGXIA	254 213	246 140	7 083	975	16
新　疆	XINJIANG	562 714	463 185	97 069	2 429	31

各地区工业废水排放及处理情况（一）
Discharge and Treatment of Industrial Waste Water by Region（1）
（2016）

单位：吨 （ton）

年份/地区	Year/Region	工业废水中污染物排放量 Amount of Pollutants Discharged in the Industrial Waste Water			
		化学需氧量 COD	氨氮 Ammonia Nitrogen	总氮 Total Nitrogen	总磷 Total Phosphorus
	2016	**1 228 258**	**64 502**	**184 097**	**16 901**
北　京	BEIJING	1 723	75	1 138	67
天　津	TIANJIN	3 415	253	812	77
河　北	HEBEI	36 311	2 674	5 747	646
山　西	SHANXI	18 522	947	3 041	187
内蒙古	INNER MONGOLIA	43 030	1 509	3 791	449
辽　宁	LIAONING	42 600	1 567	7 167	303
吉　林	JILIN	20 480	1 068	3 073	460
黑龙江	HEILONGJIANG	24 443	1 143	2 829	244
上　海	SHANGHAI	9 261	946	4 051	141
江　苏	JIANGSU	170 668	12 692	22 033	2 080
浙　江	ZHEJIANG	70 430	2 778	16 528	555
安　徽	ANHUI	42 652	1 655	5 704	746
福　建	FUJIAN	55 190	2 149	4 760	368
江　西	JIANGXI	93 544	4 236	8 772	590
山　东	SHANDONG	66 972	3 414	13 136	985
河　南	HENAN	39 269	1 543	7 480	447
湖　北	HUBEI	32 285	2 113	5 551	325
湖　南	HUNAN	72 053	8 449	15 015	704
广　东	GUANGDONG	87 833	2 829	12 307	4 069
广　西	GUANGXI	28 924	1 320	5 049	303
海　南	HAINAN	6 780	423	1 916	131
重　庆	CHONGQING	21 354	846	3 148	277
四　川	SICHUAN	59 797	2 079	7 937	1 214
贵　州	GUIZHOU	10 326	693	1 451	138
云　南	YUNNAN	55 620	1 480	3 947	301
西　藏	TIBET	1 450	19	43	12
陕　西	SHAANXI	27 010	1 024	5 435	646
甘　肃	GANSU	26 438	644	1 447	61
青　海	QINGHAI	3 152	271	161	22
宁　夏	NINGXIA	19 684	1 061	3 763	143
新　疆	XINJIANG	37 042	2 605	6 862	212

各地区工业废水排放及处理情况（二）

Discharge and Treatment of Industrial Waste Water by Region（2）

（2016）

单位：千克 （kg）

年份/地区	Year/Region	工业废水中污染物排放量 Amount of Pollutants Discharged in the Industrial Waste Water			
		石油类 Petroleum	挥发酚 Volatile Phenol	氰化物 Cyanide	重金属 Heavy Metal
	2016	**11 599 426**	**272 124**	**57 937**	**162 646**
北　京	BEIJING	9 473	3	11	65
天　津	TIANJIN	44 214	3 382	253	636
河　北	HEBEI	502 493	45 147	10 284	16 958
山　西	SHANXI	211 547	11 962	3 209	546
内蒙古	INNER MONGOLIA	42 903	762	489	3 360
辽　宁	LIAONING	338 152	10 182	1 139	814
吉　林	JILIN	834 528	2 072	1 369	202
黑龙江	HEILONGJIANG	273 724	2 456	1 115	434
上　海	SHANGHAI	202 923	1 154	2 694	837
江　苏	JIANGSU	1 595 185	22 840	4 004	5 417
浙　江	ZHEJIANG	540 943	3 059	3 292	10 282
安　徽	ANHUI	829 333	3 251	5 116	6 404
福　建	FUJIAN	769 841	512	1 977	6 617
江　西	JIANGXI	664 862	22 243	2 115	25 732
山　东	SHANDONG	656 584	34 927	2 355	5 426
河　南	HENAN	161 423	3 302	1 088	4 523
湖　北	HUBEI	432 559	15 055	2 597	11 938
湖　南	HUNAN	199 109	75 160	4 271	11 086
广　东	GUANGDONG	1 273 664	1 446	1 659	12 476
广　西	GUANGXI	200 167	2 592	2 897	6 099
海　南	HAINAN	6 588	0	0	52
重　庆	CHONGQING	289 383	971	124	694
四　川	SICHUAN	545 613	864	412	3 360
贵　州	GUIZHOU	23 110	1 060	393	1 583
云　南	YUNNAN	173 169	32	3	4 278
西　藏	TIBET	57	0	0	0
陕　西	SHAANXI	572 337	1 406	1 509	11 506
甘　肃	GANSU	69 308	1 078	303	8 383
青　海	QINGHAI	8 724	1 028	191	512
宁　夏	NINGXIA	62 586	1 174	628	1 371
新　疆	XINJIANG	64 924	3 005	2 441	1 056

各地区工业废气排放及处理情况

Discharge and Treatment of Industrial Waste Gas by Region

（2016）

单位：吨　　（ton）

年份/地区	Year/Region	工业废气中污染物排放量 Volume of Pollutants Emission in the Industrial Waste Gas		
		二氧化硫 Sulphur Dioxide	氮氧化物 Nitrogen Oxide	颗粒物 Particulate Matter
	2016	**7 704 689**	**8 091 004**	**13 761 577**
北　京	BEIJING	7 610	19 548	16 953
天　津	TIANJIN	22 048	52 032	28 832
河　北	HEBEI	472 855	655 715	612 939
山　西	SHANXI	452 866	499 329	947 595
内蒙古	INNER MONGOLIA	516 434	455 058	1 074 864
辽　宁	LIAONING	381 803	429 421	743 123
吉　林	JILIN	116 967	122 735	272 207
黑龙江	HEILONGJIANG	162 739	223 275	450 211
上　海	SHANGHAI	63 573	74 053	41 521
江　苏	JIANGSU	564 845	620 164	733 566
浙　江	ZHEJIANG	123 811	213 662	374 347
安　徽	ANHUI	255 128	385 396	926 625
福　建	FUJIAN	235 686	182 064	660 901
江　西	JIANGXI	441 392	258 427	649 483
山　东	SHANDONG	663 871	773 679	452 253
河　南	HENAN	370 878	348 283	323 629
湖　北	HUBEI	155 107	168 620	369 990
湖　南	HUNAN	216 435	272 771	459 258
广　东	GUANGDONG	247 505	371 260	755 552
广　西	GUANGXI	136 812	204 789	376 618
海　南	HAINAN	13 361	29 833	22 001
重　庆	CHONGQING	111 358	97 458	156 736
四　川	SICHUAN	292 393	295 513	386 783
贵　州	GUIZHOU	287 586	230 112	483 201
云　南	YUNNAN	414 795	232 103	478 537
西　藏	TIBET	1 964	8 450	91 995
陕　西	SHAANXI	228 334	215 728	506 057
甘　肃	GANSU	126 851	125 814	534 387
青　海	QINGHAI	52 018	55 015	122 089
宁　夏	NINGXIA	192 771	151 887	246 140
新　疆	XINJIANG	374 893	318 812	463 185

各地区一般工业固体废物产生及利用处置情况
Generation and Utilization of Industrial Solid Wastes by Region
（2016）

单位：万吨 （10 000 tons）

年份/地区	Year/Region	一般工业固体废物产生量 Industrial Solid Wastes Generated	一般工业固体废物综合利用量 Industrial Solid Wastes Utilized	一般工业固体废物处置量 Industrial Solid Wastes Disposed
2016		**371 237**	**210 995**	**85 232**
北　京	BEIJING	604	465	131
天　津	TIANJIN	1 567	1 544	22
河　北	HEBEI	34 671	17 776	6 613
山　西	SHANXI	40 823	17 654	19 139
内蒙古	INNER MONGOLIA	30 986	10 461	11 513
辽　宁	LIAONING	20 912	9 514	4 793
吉　林	JILIN	6 210	2 957	1 343
黑龙江	HEILONGJIANG	8 205	4 879	1 768
上　海	SHANGHAI	1 797	1 719	75
江　苏	JIANGSU	13 087	11 610	1 323
浙　江	ZHEJIANG	5 562	4 886	602
安　徽	ANHUI	14 242	11 872	1 215
福　建	FUJIAN	6 925	5 458	1 097
江　西	JIANGXI	12 535	5 244	1 564
山　东	SHANDONG	26 350	22 314	1 322
河　南	HENAN	17 372	10 548	4 608
湖　北	HUBEI	10 473	7 429	2 330
湖　南	HUNAN	6 156	4 031	1 410
广　东	GUANGDONG	8 270	6 997	628
广　西	GUANGXI	9 427	4 791	1 750
海　南	HAINAN	333	225	40
重　庆	CHONGQING	2 520	1 855	346
四　川	SICHUAN	13 620	5 314	3 097
贵　州	GUIZHOU	9 077	4 731	1 734
云　南	YUNNAN	17 289	8 499	7 582
西　藏	TIBET	848	20	92
陕　西	SHAANXI	10 792	6 773	2 690
甘　肃	GANSU	6 706	3 092	1 695
青　海	QINGHAI	17 560	10 316	81
宁　夏	NINGXIA	4 483	2 122	1 909
新　疆	XINJIANG	11 836	5 898	2 720

各地区工业危险废物产生及利用处置情况
Generation and Utilization of Hazardous Wastes by Region
（2016）

单位：吨 （ton）

年份/地区 Year/Region	危险废物产生量 Hazardous Wastes Generated	危险废物利用处置量 Hazardous Wastes Utilized and Disposed
2016	**52 195 017**	**43 172 073**
北　京 BEIJING	178 324	176 884
天　津 TIANJIN	266 721	266 909
河　北 HEBEI	1 020 446	918 676
山　西 SHANXI	797 522	735 653
内蒙古 INNER MONGOLIA	2 065 741	1 472 648
辽　宁 LIAONING	2 007 211	1 726 074
吉　林 JILIN	2 628 898	1 436 986
黑龙江 HEILONGJIANG	621 584	521 691
上　海 SHANGHAI	667 540	654 988
江　苏 JIANGSU	4 359 252	3 922 696
浙　江 ZHEJIANG	3 862 951	3 638 405
安　徽 ANHUI	1 494 253	1 277 658
福　建 FUJIAN	827 225	658 908
江　西 JIANGXI	1 104 797	985 905
山　东 SHANDONG	5 167 116	4 656 917
河　南 HENAN	759 899	730 844
湖　北 HUBEI	922 808	864 941
湖　南 HUNAN	4 868 216	4 056 502
广　东 GUANGDONG	2 866 746	2 777 264
广　西 GUANGXI	2 300 101	1 970 463
海　南 HAINAN	44 015	43 607
重　庆 CHONGQING	588 915	567 180
四　川 SICHUAN	2 474 826	2 291 995
贵　州 GUIZHOU	495 091	467 770
云　南 YUNNAN	3 221 316	1 228 882
西　藏 TIBET	0	0
陕　西 SHAANXI	748 433	654 712
甘　肃 GANSU	1 225 622	930 691
青　海 QINGHAI	1 282 435	286 023
宁　夏 NINGXIA	540 977	512 234
新　疆 XINJIANG	2 786 034	2 737 969

各地区大型畜禽养殖场污染排放情况

Discharge of Large Sized Livestock Farms Pollution by Region

（2016）

单位：吨 （ton）

年份/地区	Year/Region	污染物排放总量 Total Amount of Pollutants Discharge			
		化学需氧量 COD	氨氮 Ammonia Nitrogen	总氮 Total Nitrogen	总磷 Total Phosphorus
	2016	**571 052**	**12 537**	**40 909**	**6 273**
北　京	BEIJING	19 927	225	1 245	165
天　津	TIANJIN	14 749	89	737	167
河　北	HEBEI	64 966	878	4 258	599
山　西	SHANXI	7 608	92	467	96
内蒙古	INNER MONGOLIA	5 611	58	377	49
辽　宁	LIAONING	10 915	158	656	118
吉　林	JILIN	781	36	70	10
黑龙江	HEILONGJIANG	6 703	59	421	56
上　海	SHANGHAI	2 846	82	285	25
江　苏	JIANGSU	46 058	1 076	3 185	550
浙　江	ZHEJIANG	30 269	770	2 303	413
安　徽	ANHUI	10 003	70	562	46
福　建	FUJIAN	29 225	1 457	3 073	438
江　西	JIANGXI	53 770	2 768	5 735	830
山　东	SHANDONG	40 579	386	1 657	424
河　南	HENAN	27 112	402	1 664	277
湖　北	HUBEI	11 485	533	1 217	156
湖　南	HUNAN	17 968	708	1 625	268
广　东	GUANGDONG	19 077	562	1 687	237
广　西	GUANGXI	21 618	492	1 367	281
海　南	HAINAN	7	2	4	0
重　庆	CHONGQING	174	31	44	2
四　川	SICHUAN	2 059	98	207	28
贵　州	GUIZHOU	4 980	136	375	61
云　南	YUNNAN	3 958	100	270	47
西　藏	TIBET	0	0	0	0
陕　西	SHAANXI	5 176	157	382	68
甘　肃	GANSU	4 164	9	206	32
青　海	QINGHAI	38	0	2	0
宁　夏	NINGXIA	49 699	216	2 916	404
新　疆	XINJIANG	59 527	887	3 912	426

各地区生活污染排放及处理情况（一）

Discharge and Treatment of Household Pollution by Region（1）

（2016）

单位：吨 （ton）

年份/地区	Year/Region	生活源化学需氧量排放量 Amount of Household COD Discharged	生活源氨氮排放量 Amount of Household Ammonia Nitrogen Discharged	生活源总氮排放量 Amount of Household Total Nitrogen Discharged	生活源总磷排放量 Amount of Household Total Phosphorus Discharged
	2016	**4 735 477**	**484 089**	**1 002 386**	**66 710**
北　京	BEIJING	40 948	3 427	15 287	544
天　津	TIANJIN	29 780	1 493	8 408	221
河　北	HEBEI	150 546	18 464	36 827	2 567
山　西	SHANXI	99 714	11 353	23 063	1 754
内蒙古	INNER MONGOLIA	53 724	5 679	14 366	791
辽　宁	LIAONING	110 344	11 763	32 491	2 461
吉　林	JILIN	58 344	5 915	11 650	1 137
黑龙江	HEILONGJIANG	166 146	17 379	30 965	2 265
上　海	SHANGHAI	64 362	16 050	26 584	1 288
江　苏	JIANGSU	361 100	31 190	70 187	4 630
浙　江	ZHEJIANG	174 393	16 437	44 979	2 490
安　徽	ANHUI	282 284	18 572	40 213	2 835
福　建	FUJIAN	198 183	15 387	31 314	2 980
江　西	JIANGXI	226 870	22 772	36 060	3 120
山　东	SHANDONG	230 002	24 980	60 064	2 888
河　南	HENAN	246 260	25 099	59 602	2 731
湖　北	HUBEI	272 522	24 529	45 783	3 390
湖　南	HUNAN	260 614	27 128	45 995	5 793
广　东	GUANGDONG	542 042	48 942	110 551	7 479
广　西	GUANGXI	254 646	20 791	35 941	3 192
海　南	HAINAN	42 223	5 279	8 539	626
重　庆	CHONGQING	43 072	6 919	18 504	780
四　川	SICHUAN	275 741	31 650	58 556	3 212
贵　州	GUIZHOU	104 954	12 207	20 705	1 463
云　南	YUNNAN	88 031	11 775	21 168	1 164
西　藏	TIBET	19 192	2 339	2 890	221
陕　西	SHAANXI	83 815	9 144	22 699	1 218
甘　肃	GANSU	50 878	5 823	14 120	702
青　海	QINGHAI	25 886	3 691	9 585	323
宁　夏	NINGXIA	31 912	4 704	9 570	667
新　疆	XINJIANG	146 949	23 208	35 720	1 778

各地区生活污染排放及处理情况（二）
Discharge and Treatment of Household Pollution by Region（2）
（2016）

单位：吨 （ton）

年份/地区	Year/Region	生活源二氧化硫排放量 Amount of Household Sulphur Dioxide Emission	生活源氮氧化物排放量 Amount of Household Nitrogen Oxide Emission	生活源颗粒物排放量 Amount of Household Soot Emission
	2016	**840 128**	**615 725**	**2 192 114**
北　京	BEIJING	7 379	14 166	31 390
天　津	TIANJIN	4 628	7 265	22 895
河　北	HEBEI	77 833	55 033	191 328
山　西	SHANXI	42 947	30 955	119 943
内蒙古	INNER MONGOLIA	53 087	43 927	164 224
辽　宁	LIAONING	29 377	31 292	88 305
吉　林	JILIN	26 977	26 262	112 083
黑龙江	HEILONGJIANG	55 889	76 566	326 286
上　海	SHANGHAI	1 442	4 421	5 574
江　苏	JIANGSU	12 896	13 021	64 758
浙　江	ZHEJIANG	8 452	6 264	13 077
安　徽	ANHUI	16 731	13 735	47 716
福　建	FUJIAN	5 907	3 517	11 518
江　西	JIANGXI	16 421	8 240	29 664
山　东	SHANDONG	65 840	40 543	157 501
河　南	HENAN	15 562	15 986	43 541
湖　北	HUBEI	62 689	33 121	133 098
湖　南	HUNAN	92 733	56 359	238 263
广　东	GUANGDONG	7 711	9 578	18 932
广　西	GUANGXI	1 049	924	1 948
海　南	HAINAN	0	192	18
重　庆	CHONGQING	17 855	8 167	17 750
四　川	SICHUAN	15 464	13 659	27 475
贵　州	GUIZHOU	66 082	16 880	7 201
云　南	YUNNAN	36 646	18 553	80 281
西　藏	TIBET	1 493	438	1 452
陕　西	SHAANXI	21 814	16 727	58 422
甘　肃	GANSU	29 896	15 341	58 350
青　海	QINGHAI	4 123	5 024	14 969
宁　夏	NINGXIA	3 732	2 923	7 083
新　疆	XINJIANG	37 473	26 646	97 069

各地区生活垃圾处理场（厂）污染排放情况（一）
Discharge of Garbage Treatment Plants Pollution by Region（1）
（2016）

单位：吨 （ton）

年份/地区	Year/Region	渗滤液中污染物排放量 Amount of Pollutants Discharged in the Landfill Leachate 化学需氧量 COD	氨氮 Ammonia Nitrogen
	2016	**45 786**	**6 545**
北　京	BEIJING	304	45
天　津	TIANJIN	48	10
河　北	HEBEI	529	60
山　西	SHANXI	6 347	1 384
内蒙古	INNER MONGOLIA	399	47
辽　宁	LIAONING	2 826	330
吉　林	JILIN	724	90
黑龙江	HEILONGJIANG	619	119
上　海	SHANGHAI	2 234	328
江　苏	JIANGSU	597	59
浙　江	ZHEJIANG	2 518	158
安　徽	ANHUI	3 439	93
福　建	FUJIAN	6 206	522
江　西	JIANGXI	4 206	871
山　东	SHANDONG	437	33
河　南	HENAN	1 172	78
湖　北	HUBEI	596	213
湖　南	HUNAN	1 153	163
广　东	GUANGDONG	1 295	76
广　西	GUANGXI	250	17
海　南	HAINAN	23	4
重　庆	CHONGQING	292	42
四　川	SICHUAN	1 252	158
贵　州	GUIZHOU	660	157
云　南	YUNNAN	5 860	1 117
西　藏	TIBET	131	29
陕　西	SHAANXI	693	139
甘　肃	GANSU	621	145
青　海	QINGHAI	71	13
宁　夏	NINGXIA	74	12
新　疆	XINJIANG	210	33

各地区生活垃圾处理场（厂）污染排放情况（二）
Discharge of Garbage Treatment Plants Pollution by Region（2）
（2016）

单位：吨　　　　　　　　　　　　　　　　　　　　　　　　　　　　　　　　　　　（ton）

年份/地区	Year/Region	废气中污染物排放量 Amount of Pollutants Discharged in the Waste Gas		
		二氧化硫 Sulphur Dioxide	氮氧化物 Nitrogen Oxide	颗粒物 Particulate Matter
	2016	**1 120**	**2 613**	**1 179**
北　京	BEIJING	0	0	0
天　津	TIANJIN	10	47	0
河　北	HEBEI	0	0	0
山　西	SHANXI	74	110	585
内蒙古	INNER MONGOLIA	0	0	0
辽　宁	LIAONING	38	8	11
吉　林	JILIN	0	0	0
黑龙江	HEILONGJIANG	9	16	15
上　海	SHANGHAI	0	0	0
江　苏	JIANGSU	6	117	1
浙　江	ZHEJIANG	494	1 604	122
安　徽	ANHUI	135	203	10
福　建	FUJIAN	0	0	0
江　西	JIANGXI	0	0	0
山　东	SHANDONG	16	45	2
河　南	HENAN	1	2	2
湖　北	HUBEI	0	0	0
湖　南	HUNAN	5	2	1
广　东	GUANGDONG	35	164	22
广　西	GUANGXI	1	2	0
海　南	HAINAN	0	0	0
重　庆	CHONGQING	0	0	0
四　川	SICHUAN	5	97	16
贵　州	GUIZHOU	14	37	19
云　南	YUNNAN	275	156	340
西　藏	TIBET	0	0	0
陕　西	SHAANXI	2	3	33
甘　肃	GANSU	0	0	0
青　海	QINGHAI	0	0	0
宁　夏	NINGXIA	0	0	0
新　疆	XINJIANG	0	0	0

各地区危险废物（医疗废物）集中处理厂污染排放情况（一）
Discharge of Hazardous Wastes（Medical Wastes）Treatment Plants Pollution by Region（1）
（2016）

单位：吨　　（ton）

年份/地区	Year/Region	渗滤液中污染物排放量 Amount of Pollutants Discharged in the Landfill Leachate	
		化学需氧量 COD	氨氮 Ammonia Nitrogen
	2016	**415**	**33**
北　京	BEIJING	0	0
天　津	TIANJIN	40	1
河　北	HEBEI	81	13
山　西	SHANXI	0	0
内蒙古	INNER MONGOLIA	26	0
辽　宁	LIAONING	4	0
吉　林	JILIN	0	0
黑龙江	HEILONGJIANG	1	0
上　海	SHANGHAI	98	5
江　苏	JIANGSU	47	1
浙　江	ZHEJIANG	31	2
安　徽	ANHUI	3	0
福　建	FUJIAN	5	0
江　西	JIANGXI	1	0
山　东	SHANDONG	11	0
河　南	HENAN	1	0
湖　北	HUBEI	10	0
湖　南	HUNAN	1	0
广　东	GUANGDONG	13	2
广　西	GUANGXI	24	9
海　南	HAINAN	0	0
重　庆	CHONGQING	6	0
四　川	SICHUAN	1	0
贵　州	GUIZHOU	1	0
云　南	YUNNAN	0	0
西　藏	TIBET	0	0
陕　西	SHAANXI	10	0
甘　肃	GANSU	0	0
青　海	QINGHAI	0	0
宁　夏	NINGXIA	0	0
新　疆	XINJIANG	0	0

各地区危险废物（医疗废物）集中处理厂污染排放情况（二）
Discharge of Hazardous Wastes（Medical Wastes）Treatment Plants Pollution by Region（2）
（2016）

单位：吨 （ton）

年份/ 地区	Year/ Region	废气中污染物排放量 Amount of Pollutants Discharged in the Waste Gas		
		二氧化硫 Sulphur Dioxide	氮氧化物 Nitrogen Oxide	颗粒物 Particulate Matter
	2016	**2 998**	**7 743**	**2 483**
北　京	BEIJING	0	21	1
天　津	TIANJIN	59	68	5
河　北	HEBEI	1 077	2 241	1 052
山　西	SHANXI	10	22	7
内蒙古	INNER MONGOLIA	0	1	1
辽　宁	LIAONING	17	26	11
吉　林	JILIN	7	19	3
黑龙江	HEILONGJIANG	7	134	29
上　海	SHANGHAI	20	301	9
江　苏	JIANGSU	246	806	186
浙　江	ZHEJIANG	498	536	84
安　徽	ANHUI	52	149	37
福　建	FUJIAN	20	85	28
江　西	JIANGXI	238	309	204
山　东	SHANDONG	29	136	44
河　南	HENAN	21	64	25
湖　北	HUBEI	40	118	23
湖　南	HUNAN	11	58	113
广　东	GUANGDONG	317	693	121
广　西	GUANGXI	30	389	47
海　南	HAINAN	2	28	7
重　庆	CHONGQING	69	957	228
四　川	SICHUAN	15	99	61
贵　州	GUIZHOU	0	0	0
云　南	YUNNAN	29	50	52
西　藏	TIBET	1	2	0
陕　西	SHAANXI	96	329	38
甘　肃	GANSU	2	1	0
青　海	QINGHAI	27	38	20
宁　夏	NINGXIA	33	15	16
新　疆	XINJIANG	25	48	31

各地区机动车污染排放情况
Discharge of Motor Vehicle Pollution by Region
（2016）

单位：吨 （ton）

年份/地区	Year/Region	机动车污染物排放总量 Total Amount of Discharge of Motor Vehicle Pollution	
		总颗粒物 Total Particulate Matter	氮氧化物 Nitrogen Oxide
	2016	**122 757**	**6 315 965**
北　京	BEIJING	1 334	102 874
天　津	TIANJIN	1 058	71 344
河　北	HEBEI	14 544	555 329
山　西	SHANXI	3 075	221 486
内蒙古	INNER MONGOLIA	5 078	163 623
辽　宁	LIAONING	8 002	298 425
吉　林	JILIN	2 107	140 772
黑龙江	HEILONGJIANG	3 761	200 484
上　海	SHANGHAI	1 087	90 777
江　苏	JIANGSU	5 819	417 572
浙　江	ZHEJIANG	3 608	222 162
安　徽	ANHUI	4 798	301 300
福　建	FUJIAN	2 118	124 855
江　西	JIANGXI	3 199	187 278
山　东	SHANDONG	12 850	603 359
河　南	HENAN	13 426	456 589
湖　北	HUBEI	3 115	198 511
湖　南	HUNAN	3 560	179 947
广　东	GUANGDONG	6 398	415 965
广　西	GUANGXI	2 818	167 481
海　南	HAINAN	463	25 910
重　庆	CHONGQING	1 573	100 623
四　川	SICHUAN	3 895	261 244
贵　州	GUIZHOU	2 063	102 858
云　南	YUNNAN	3 354	161 383
西　藏	TIBET	520	30 907
陕　西	SHAANXI	2 859	161 644
甘　肃	GANSU	2 332	109 372
青　海	QINGHAI	539	31 228
宁　夏	NINGXIA	975	56 917
新　疆	XINJIANG	2 429	153 746

各地区工业污染治理情况（一）

Treatment of Industrial Pollution by Region（1）

（2016）

年份/地区 Year/Region	废水治理设施数量/套 Number of Facilities for Treatment of Waste Water（set）	废水治理设施治理能力/（万吨/日） Capacity of Facilities for Treatment of Waste Water（10 000 tons/day）	废水治理设施运行费用/万元 Annual Expenditure for Operation（10 000 yuan）
2016	**63 477**	**20 010.4**	**6 270 479.3**
北　京 BEIJING	480	41.3	34 928.2
天　津 TIANJIN	730	267.2	71 208.2
河　北 HEBEI	3 241	2 425.4	359 527.1
山　西 SHANXI	1 730	505.5	134 840.6
内蒙古 INNER MONGOLIA	780	423.9	126 096.3
辽　宁 LIAONING	1 719	865.8	232 148.7
吉　林 JILIN	451	204.7	50 368.7
黑龙江 HEILONGJIANG	712	815.0	231 053.9
上　海 SHANGHAI	1 486	185.9	180 587.2
江　苏 JIANGSU	6 346	1 956.7	992 270.4
浙　江 ZHEJIANG	6 551	1 006.8	701 234.8
安　徽 ANHUI	2 323	763.8	230 474.5
福　建 FUJIAN	2 818	676.6	159 271.2
江　西 JIANGXI	2 635	705.7	189 479.3
山　东 SHANDONG	4 820	1 877.1	595 105.9
河　南 HENAN	2 872	889.8	225 349.3
湖　北 HUBEI	1 869	551.1	192 427.8
湖　南 HUNAN	1 957	510.5	105 115.3
广　东 GUANGDONG	7 756	1 001.3	516 134.0
广　西 GUANGXI	1 381	1 005.7	138 455.2
海　南 HAINAN	279	96.4	28 669.2
重　庆 CHONGQING	1 497	129.8	79 326.2
四　川 SICHUAN	3 378	1 187.4	198 660.9
贵　州 GUIZHOU	827	559.1	53 488.7
云　南 YUNNAN	1 563	412.3	103 073.4
西　藏 TIBET	34	6.9	710.4
陕　西 SHAANXI	1 661	248.3	102 760.3
甘　肃 GANSU	502	110.7	39 067.0
青　海 QINGHAI	173	88.4	11 416.9
宁　夏 NINGXIA	214	100.5	67 526.7
新　疆 XINJIANG	692	390.6	119 703.1

各地区工业污染治理情况（二）
Treatment of Industrial Pollution by Region（2）
（2016）

年份/地区	Year/Region	废气治理设施数量/套 Facilities for Treatment of Waste Gas (set)	脱硫设施 Desulfurization Facilities	脱硝设施 Denitrification Facilities	除尘设施 Dedusting Facilities	VOCs 治理设施 VOCs Treatment Facilities	废气治理设施运行费用/万元 Annul Expenditure for Operation (10 000 yuan)
	2016	**158 682**	**30 700**	**10 124**	**101 427**	**16 431**	**23 886 925.2**
北　京	BEIJING	2 135	227	113	1 400	395	66 151.6
天　津	TIANJIN	1 866	510	101	950	305	987 547.4
河　北	HEBEI	12 789	2 347	518	9 059	865	1 757 110.1
山　西	SHANXI	13 025	4 170	307	8 416	132	3 088 775.9
内蒙古	INNER MONGOLIA	5 849	1 207	484	4 144	14	789 041.5
辽　宁	LIAONING	9 505	1 924	295	7 035	251	958 995.5
吉　林	JILIN	2 172	478	130	1 555	9	174 687.0
黑龙江	HEILONGJIANG	3 531	551	318	2 621	41	187 516.8
上　海	SHANGHAI	3 059	118	129	1 596	1 216	438 619.0
江　苏	JIANGSU	11 134	1 560	993	5 643	2 938	2 891 156.6
浙　江	ZHEJIANG	9 000	1 465	542	4 756	2 237	1 176 285.2
安　徽	ANHUI	5 158	757	340	3 434	627	676 786.6
福　建	FUJIAN	4 312	399	175	3 362	376	413 023.0
江　西	JIANGXI	3 904	699	189	2 888	128	426 294.6
山　东	SHANDONG	16 254	4 401	1 719	9 044	1 090	2 005 552.5
河　南	HENAN	8 172	2 068	699	5 059	346	967 544.9
湖　北	HUBEI	3 894	724	242	2 588	340	486 085.6
湖　南	HUNAN	3 806	848	179	2 594	185	331 666.2
广　东	GUANGDONG	13 767	1 800	662	7 433	3 872	1 169 177.0
广　西	GUANGXI	2 787	535	222	1 914	116	1 652 506.5
海　南	HAINAN	368	81	34	248	5	77 950.7
重　庆	CHONGQING	2 297	312	116	1 700	169	412 402.4
四　川	SICHUAN	4 753	646	230	3 344	533	661 551.6
贵　州	GUIZHOU	1 439	382	161	875	21	431 177.1
云　南	YUNNAN	3 022	446	161	2 389	26	359 252.9
西　藏	TIBET	12	3	2	7	0	1 454.0
陕　西	SHAANXI	3 071	639	422	1 855	155	354 452.4
甘　肃	GANSU	2 283	428	159	1 689	7	234 661.5
青　海	QINGHAI	801	51	31	718	1	98 987.0
宁　夏	NINGXIA	1 489	288	114	1 073	14	280 523.7
新　疆	XINJIANG	3 028	636	337	2 038	17	329 988.4

各地区工业污染防治投资情况（一）

Treatment Investment for Industrial Pollution by Region（1）

（2016）

单位：个 （unit）

年份/地区	Year/Region	汇总工业企业数量 Number of Industrial Enterprises Collected	本年施工项目总数 Numer of Projects under Construction	工业废水治理项目 Treatment of Waste Water	工业废气治理项目 Treatment of Waste Gas	脱硫治理项目 Treatment of Desulfurization	脱硝治理项目 Treatment of Denitration	工业固体废物治理项目 Treatment of Solid Wastes	噪声治理项目 Treatment of Noise Pollution	其他治理项目 Treatment of Other Pollution
2016		**8 271**	**8 869**	**1 597**	**5 779**	**1 352**	**478**	**215**	**91**	**1 187**
北　京	BEIJING	135	172	23	144	6	11	1	0	4
天　津	TIANJIN	105	105	8	71	13	6	0	1	25
河　北	HEBEI	215	302	10	255	35	7	2	2	33
山　西	SHANXI	467	330	41	239	111	12	16	2	32
内蒙古	INNER MONGOLIA	220	309	44	212	89	23	11	4	38
辽　宁	LIAONING	178	221	25	166	76	9	7	5	18
吉　林	JILIN	44	44	7	32	17	2	0	1	4
黑龙江	HEILONGJIANG	71	94	12	73	22	21	4	0	5
上　海	SHANGHAI	310	430	48	330	3	4	1	1	50
江　苏	JIANGSU	812	840	212	478	56	17	4	10	136
浙　江	ZHEJIANG	823	925	266	524	50	37	8	3	124
安　徽	ANHUI	265	227	42	139	27	18	3	3	40
福　建	FUJIAN	260	215	53	94	27	11	41	2	25
江　西	JIANGXI	169	150	46	63	15	6	5	4	32
山　东	SHANDONG	773	1 116	106	850	237	118	15	13	132
河　南	HENAN	1 008	1 169	109	815	196	66	16	8	221
湖　北	HUBEI	305	303	99	151	32	11	15	4	34
湖　南	HUNAN	181	168	57	98	29	5	1	0	12
广　东	GUANGDONG	491	448	94	300	47	27	5	10	39
广　西	GUANGXI	139	119	36	60	17	5	5	0	18
海　南	HAINAN	47	32	9	19	15	0	2	0	2
重　庆	CHONGQING	108	84	21	54	5	2	2	0	7
四　川	SICHUAN	320	247	63	141	41	11	11	3	29
贵　州	GUIZHOU	161	120	35	63	34	3	8	2	12
云　南	YUNNAN	153	150	40	77	26	6	15	2	16
西　藏	TIBET	9	9	2	1	0	0	0	0	6
陕　西	SHAANXI	145	170	25	91	26	12	6	9	39
甘　肃	GANSU	121	109	25	65	35	1	2	1	16
青　海	QINGHAI	38	37	7	26	5	3	1	0	3
宁　夏	NINGXIA	125	142	19	97	37	12	7	1	18
新　疆	XINJIANG	73	82	13	51	23	12	1	0	17

各地区工业污染防治投资情况（二）
Treatment Investment for Industrial Pollution by Region（2）
（2016）

单位：个 （unit）

年份/地区 Year/Region	本年竣工项目总数 Number of Projects Completed	工业废水治理项目 Treatment of Waste Water	工业废气治理项目 Treatment of Waste Gas	脱硫治理项目 Treatment of Desulfurization	脱硝治理项目 Treatment of Denitration	工业固体废物治理项目 Treatment of Solid Wastes	噪声治理项目 Treatment of Noise Pollution	其他治理项目 Treatment of Other Pollution
2016	**7 175**	**1 198**	**4 730**	**1 087**	**384**	**167**	**85**	**995**
北　京 BEIJING	156	20	131	5	10	1	0	4
天　津 TIANJIN	92	7	65	13	5	0	1	19
河　北 HEBEI	275	9	231	32	7	2	2	31
山　西 SHANXI	274	31	206	94	12	9	2	26
内蒙古 INNER MONGOLIA	232	32	157	67	17	7	4	32
辽　宁 LIAONING	196	20	149	69	9	6	4	17
吉　林 JILIN	32	4	24	15	1	0	1	3
黑龙江 HEILONGJIANG	75	5	61	17	19	4	0	5
上　海 SHANGHAI	323	30	251	3	3	1	1	40
江　苏 JIANGSU	680	169	387	38	12	4	9	111
浙　江 ZHEJIANG	708	202	395	31	29	5	3	103
安　徽 ANHUI	194	34	118	24	15	2	3	37
福　建 FUJIAN	177	39	74	24	7	39	2	23
江　西 JIANGXI	116	34	49	9	4	5	4	24
山　东 SHANDONG	931	80	718	202	99	14	13	106
河　南 HENAN	1 000	77	700	169	57	10	8	205
湖　北 HUBEI	238	80	116	23	5	10	4	28
湖　南 HUNAN	129	39	81	22	2	1	0	8
广　东 GUANGDONG	345	77	233	36	19	4	7	24
广　西 GUANGXI	79	24	41	13	4	3	0	11
海　南 HAINAN	18	4	10	9	0	2	0	2
重　庆 CHONGQING	64	18	38	3	1	2	0	6
四　川 SICHUAN	209	46	125	34	9	7	3	28
贵　州 GUIZHOU	95	29	50	27	3	5	2	9
云　南 YUNNAN	124	31	68	24	6	9	2	14
西　藏 TIBET	6	2	0	0	0	0	0	4
陕　西 SHAANXI	147	16	78	20	10	6	9	38
甘　肃 GANSU	73	15	47	20	1	1	0	10
青　海 QINGHAI	26	4	20	4	2	1	0	1
宁　夏 NINGXIA	116	14	77	27	11	7	1	17
新　疆 XINJIANG	45	6	30	13	5	0	0	9

各地区工业污染防治投资情况（三）

Treatment Investment for Industrial Pollution by Region（3）

（2016）

单位：万元 （10 000 yuan）

年份/地区	Year/Region	施工项目本年完成投资 Investment Completed in the Treatment of Industrial Pollution This Year	工业废水治理项目 Treatment of Waste Water	工业废气治理项目 Treatment of Waste Gas	脱硫治理项目 Treatment of Desulfurization	脱硝治理项目 Treatment of Denitration	工业固体废物治理项目 Treatment of Solid Wastes	噪声治理项目 Treatment of Noise Pollution	其他治理项目 Treatment of Other Pollution
	2016	**8 190 040.5**	**1 082 394.9**	**5 614 702.3**	**1 750 554.8**	**550 494.2**	**389 352.9**	**6 236.0**	**1 097 354.3**
北　京	BEIJING	98 770.3	3 234.6	94 599.2	1 552.0	13 861.1	314.0	0.0	622.5
天　津	TIANJIN	103 597.4	2 333.8	63 218.5	19 994.0	11 154.0	0.0	10.0	38 035.2
河　北	HEBEI	248 464.9	11 060.8	230 067.9	48 484.2	13 551.4	80.0	80.0	7 176.2
山　西	SHANXI	300 741.8	18 504.5	228 806.9	99 445.6	9 613.0	2 817.1	52.5	50 560.9
内蒙古	INNER MONGOLIA	406 191.0	39 958.5	320 818.9	131 284.4	26 862.2	14 609.9	158.0	30 645.7
辽　宁	LIAONING	193 853.4	8 002.8	180 274.7	79 217.5	19 981.2	1 327.0	306.7	3 942.2
吉　林	JILIN	98 402.0	910.2	48 396.8	28 821.3	685.0	0.0	50.0	49 045.0
黑龙江	HEILONGJIANG	173 808.6	14 854.3	154 168.0	40 835.1	58 247.2	4 231.7	0.0	554.7
上　海	SHANGHAI	519 487.9	80 143.9	331 860.2	16 713.0	8 488.0	9.0	9.1	107 465.7
江　苏	JIANGSU	747 786.0	158 518.1	469 245.0	92 281.1	21 126.6	1 925.0	709.9	117 388.0
浙　江	ZHEJIANG	601 868.9	101 043.6	369 172.1	44 721.1	20 919.9	9 290.1	15.7	122 347.3
安　徽	ANHUI	415 485.8	69 977.0	207 749.6	69 598.9	37 313.6	39 744.2	123.0	97 892.1
福　建	FUJIAN	226 266.5	73 455.4	62 751.3	19 175.1	9 420.3	55 781.1	102.0	34 176.7
江　西	JIANGXI	104 484.8	23 972.2	70 412.8	50 181.5	1 314.6	298.0	215.0	9 586.8
山　东	SHANDONG	1 264 062.7	115 006.5	966 721.9	367 190.9	102 354.8	12 579.2	1 134.7	168 620.4
河　南	HENAN	651 537.7	30 863.3	551 860.5	171 976.2	55 139.5	1 363.6	152.8	67 297.5
湖　北	HUBEI	369 051.1	39 706.8	98 518.5	27 504.1	11 190.8	208 231.8	367.0	22 227.1
湖　南	HUNAN	127 036.6	31 960.1	81 055.6	16 523.5	792.0	13.0	0.0	14 008.0
广　东	GUANGDONG	264 812.4	70 167.6	187 475.1	44 939.3	11 792.9	2 239.7	708.2	4 221.8
广　西	GUANGXI	130 433.2	10 906.2	104 591.3	22 229.2	9 472.0	13 583.3	0.0	1 352.5
海　南	HAINAN	16 137.7	2 700.9	12 270.8	12 171.0	0.0	1 154.6	0.0	11.4
重　庆	CHONGQING	37 141.3	3 489.2	26 665.7	2 395.4	285.0	304.0	0.0	6 682.4
四　川	SICHUAN	116 048.9	30 508.6	62 672.5	32 384.2	3 882.5	6 847.3	92.0	15 928.6
贵　州	GUIZHOU	56 903.8	11 637.2	40 980.2	18 768.0	3 634.3	2 563.0	79.0	1 644.4
云　南	YUNNAN	127 174.3	16 567.2	93 983.4	39 626.3	2 950.8	2 694.4	755.0	13 174.4
西　藏	TIBET	1 116.3	15.0	47.0	0.0	0.0	0.0	0.0	1 054.3
陕　西	SHAANXI	194 913.2	18 883.9	157 196.2	53 497.4	19 621.8	1 558.0	1 036.2	16 239.0
甘　肃	GANSU	109 742.1	34 162.1	56 999.4	35 437.7	765.8	119.7	10.0	18 450.9
青　海	QINGHAI	96 248.7	5 830.1	85 163.9	26 001.8	18 890.0	263.0	0.0	4 991.8
宁　夏	NINGXIA	242 101.0	36 037.2	178 048.1	100 820.6	30 224.3	4 205.8	69.2	23 740.7
新　疆	XINJIANG	146 370.0	17 983.7	78 910.5	36 784.7	26 959.5	1 205.5	0.0	48 270.4

各地区工业污染防治投资情况（四）

Treatment Investment for Industrial Pollution by Region（4）

（2016）

年份/地区	Year/Region	本年竣工项目新增设计处理能力 Capacity for Treatment of Industrial Pollution New-added		
		治理废水/（万吨/日） Treatment of Waste Water（10 000 tons/day）	治理废气（标态）/（万米³/时） Treatment of Waste Gas（10 000 cu.m/hour）	治理固体废物/（万吨/日） Treatment of Solid Wastes（10 000 tons/day）
	2016	**240.7**	**85 778.2**	**26.2**
北　京	BEIJING	0.5	346.4	...
天　津	TIANJIN	1.8	235.1	...
河　北	HEBEI	0.4	8 319.8	0.1
山　西	SHANXI	8.3	5 297.9	0.1
内蒙古	INNER MONGOLIA	2.7	5 792.0	1.7
辽　宁	LIAONING	21.5	3 090.5	0.2
吉　林	JILIN	0.3	481.5	0.0
黑龙江	HEILONGJIANG	0.6	5 123.6	0.1
上　海	SHANGHAI	5.0	1 556.6	0.4
江　苏	JIANGSU	26.5	3 207.5	0.6
浙　江	ZHEJIANG	22.7	4 400.6	0.8
安　徽	ANHUI	10.2	2 976.9	0.5
福　建	FUJIAN	7.7	252.1	0.7
江　西	JIANGXI	10.2	1 069.8	...
山　东	SHANDONG	18.6	13 643.9	10.5
河　南	HENAN	20.1	8 283.2	0.5
湖　北	HUBEI	15.6	4 239.9	0.2
湖　南	HUNAN	4.1	471.1	0.8
广　东	GUANGDONG	13.5	3 038.5	0.3
广　西	GUANGXI	13.9	344.2	2.2
海　南	HAINAN	0.3	885.5	0.1
重　庆	CHONGQING	1.0	483.4	0.0
四　川	SICHUAN	2.4	1 056.1	0.2
贵　州	GUIZHOU	4.8	858.8	4.1
云　南	YUNNAN	5.2	873.2	0.3
西　藏	TIBET	...	...	0.0
陕　西	SHAANXI	6.9	3 677.9	0.2
甘　肃	GANSU	4.1	1 047.7	1.0
青　海	QINGHAI	2.5	300.4	0.1
宁　夏	NINGXIA	5.9	3 824.7	0.4
新　疆	XINJIANG	3.1	599.6	0.2

各地区污水处理情况（一）
Urban Waste Water Treatment by Region（1）
（2016）

年份/地区	Year/Region	污水处理厂数量/家 Number of Urban Waste Water Treatment Plants（unit）	污水处理厂设计处理能力/（万吨/日） Treatment Capacity (10 000 tons/day)	污水实际处理量/万吨 Quantity of Waste Water Treated (10 000 tons)	本年运行费用/万元 Annul Expenditure for Operation (10 000 yuan)	污水处理厂累计完成投资/万元 Total Investment of Urban Waste Water Treatment（10 000 yuan）	新增固定资产/万元 Newly-added Fixed Assets (10 000 yuan)
	2016	**7 103**	**20 780.4**	**5 858 211.3**	**5 399 205.2**	**54 914 072.6**	**3 774 755.2**
北　京	BEIJING	148	588.9	159 594.9	167 429.9	2 503 586.4	452 772.3
天　津	TIANJIN	73	299.1	93 499.7	70 764.9	970 611.7	9 678.2
河　北	HEBEI	307	1 007.2	272 946.0	264 972.4	2 696 184.0	186 562.3
山　西	SHANXI	233	456.0	96 865.8	112 714.0	1 404 200.7	73 055.0
内蒙古	INNER MONGOLIA	144	388.9	85 794.7	115 722.6	1 691 824.9	181 213.9
辽　宁	LIAONING	171	822.4	235 368.8	199 352.4	1 536 473.5	69 137.8
吉　林	JILIN	66	348.7	86 898.8	82 070.6	1 022 367.1	23 108.4
黑龙江	HEILONGJIANG	155	434.4	107 628.7	106 210.5	1 117 176.2	28 896.6
上　海	SHANGHAI	53	796.2	260 717.9	193 072.0	1 748 739.1	32 601.8
江　苏	JIANGSU	811	1 785.0	490 615.7	572 502.6	5 455 495.9	352 398.2
浙　江	ZHEJIANG	318	1 396.8	398 331.3	543 120.3	4 088 209.5	377 701.8
安　徽	ANHUI	206	704.4	213 593.6	135 279.7	1 572 566.1	159 515.1
福　建	FUJIAN	183	577.1	157 857.2	125 348.5	1 192 330.7	114 661.7
江　西	JIANGXI	204	416.6	114 331.4	84 825.4	958 119.5	61 967.9
山　东	SHANDONG	480	1 643.2	456 412.5	478 285.5	3 625 407.7	190 821.2
河　南	HENAN	293	1 232.7	329 993.6	251 241.9	2 989 546.4	380 549.5
湖　北	HUBEI	264	787.4	249 386.7	154 645.0	1 908 996.6	164 654.0
湖　南	HUNAN	179	707.1	206 595.6	140 107.7	1 680 217.5	68 885.4
广　东	GUANGDONG	522	2 743.1	790 523.4	625 336.6	5 984 035.6	244 581.7
广　西	GUANGXI	150	468.4	173 443.0	111 675.5	1 713 441.3	47 650.7
海　南	HAINAN	46	117.0	32 436.4	24 984.4	397 809.6	9 106.6
重　庆	CHONGQING	434	359.9	120 080.2	158 606.6	1 198 419.5	76 929.3
四　川	SICHUAN	824	821.4	230 998.9	216 064.3	2016 918.4	145 323.1
贵　州	GUIZHOU	217	289.4	84 916.7	47 447.9	1 031 066.2	52 157.5
云　南	YUNNAN	141	338.1	108 986.3	81 596.6	921 555.5	19 057.0
西　藏	TIBET	4	9.9	3 293.2	1 755.0	95 233.6	40 457.2
陕　西	SHAANXI	171	489.4	135 255.7	147 002.7	1 362 896.6	52 750.2
甘　肃	GANSU	109	223.4	49 483.4	71 203.7	698 004.3	9 773.8
青　海	QINGHAI	34	53.6	13 375.7	14 787.1	250 052.9	23 165.5
宁　夏	NINGXIA	30	101.1	27 744.7	26 769.6	219 266.3	26 877.4
新　疆	XINJIANG	133	373.6	71 240.7	74 309.2	863 319.2	98 743.9

各地区污水处理情况（二）
Urban Waste Water Treatment by Region（2）
（2016）

单位：万吨 （10 000 tons）

年份/地区	Year/Region	污泥产生量 Quantity of Sludge Generated	污泥处置量 Quantity of Sludge Disposed	土地利用量 Landuse	填埋处置量 Landfill	建筑材料利用量 As Building Material	焚烧处置量 Incineration	污泥倾倒丢弃量 Quantity of Sludge Discharged
2016		**1 789.22**	**1 785.16**	**337.94**	**697.32**	**267.31**	**482.59**	**4.07**
北　京	BEIJING	53.09	53.09	32.52	9.83	2.56	8.18	…
天　津	TIANJIN	43.90	43.90	30.01	3.18	8.13	2.59	0.00
河　北	HEBEI	121.16	121.16	33.76	76.21	5.03	6.16	0.00
山　西	SHANXI	41.67	41.67	21.01	17.95	0.05	2.64	0.00
内蒙古	INNER MONGOLIA	35.22	35.22	0.53	30.52	0.65	3.52	0.01
辽　宁	LIAONING	88.22	88.22	22.13	56.46	0.73	8.89	…
吉　林	JILIN	46.76	45.69	9.30	29.21	0.00	7.18	1.07
黑龙江	HEILONGJIANG	29.20	29.20	9.97	18.32	0.02	0.90	…
上　海	SHANGHAI	67.82	67.82	0.94	39.73	4.84	22.31	0.00
江　苏	JIANGSU	203.29	203.29	9.66	20.50	34.96	138.17	…
浙　江	ZHEJIANG	242.19	242.19	16.29	11.09	28.99	185.82	…
安　徽	ANHUI	45.38	45.38	3.97	19.68	2.68	19.04	0.00
福　建	FUJIAN	48.90	48.90	8.74	8.40	14.94	16.82	0.00
江　西	JIANGXI	15.59	15.58	2.75	10.67	1.64	0.53	…
山　东	SHANDONG	72.84	72.84	25.07	17.33	10.26	20.18	0.00
河　南	HENAN	67.54	67.12	18.82	38.44	4.73	5.13	0.43
湖　北	HUBEI	75.05	75.05	11.26	19.01	36.90	7.88	0.00
湖　南	HUNAN	32.49	32.49	0.33	19.82	9.91	2.43	0.00
广　东	GUANGDONG	145.43	145.43	13.07	55.34	65.44	11.57	0.00
广　西	GUANGXI	34.22	34.22	24.70	6.40	2.76	0.37	…
海　南	HAINAN	10.36	10.36	6.60	0.46	0.03	3.27	0.00
重　庆	CHONGQING	51.36	48.90	4.40	21.04	21.23	2.22	2.46
四　川	SICHUAN	27.01	27.01	10.23	10.22	3.33	3.23	0.00
贵　州	GUIZHOU	30.47	30.47	0.63	27.42	…	2.42	…
云　南	YUNNAN	22.74	22.74	4.36	18.26	0.02	0.10	0.00
西　藏	TIBET	0.77	0.77	0.21	0.56	0.00	0.00	0.00
陕　西	SHAANXI	44.93	44.86	3.40	33.92	7.39	0.15	0.07
甘　肃	GANSU	38.02	38.02	1.36	36.54	0.09	0.03	…
青　海	QINGHAI	3.39	3.39	0.00	3.38	0.01	0.00	0.00
宁　夏	NINGXIA	14.14	14.14	5.93	7.43	0.00	0.78	0.00
新　疆	XINJIANG	36.07	36.05	5.98	30.00	0.00	0.07	0.01

各地区污水处理情况（三）

Urban Waste Water Treatment by Region（3）

（2016）

单位：吨 （ton）

年份/地区	Year/Region	污染物去除量 Quantity of Pollutants Removed by Urban Waste Water Treatment					
		化学需氧量 COD	氨氮 Ammonia Nitrogen	总氮 Total Nitrogen	总磷 Total Phosphorus	挥发酚 Volatile Phenols	氰化物 Cyanide
	2016	**13 812 942.4**	**1 311 934.0**	**1 447 269.8**	**169 070.2**	**978.9**	**2 830.8**
北　京	BEIJING	495 793.5	62 767.6	72 397.6	7 617.1	110.0	109.8
天　津	TIANJIN	284 981.8	29 475.8	33 625.1	3 289.7	15.7	0.5
河　北	HEBEI	776 820.0	69 610.1	82 332.1	7 648.8	0.3	0.4
山　西	SHANXI	290 832.6	32 968.9	40 800.4	2 881.8	18.2	0.4
内蒙古	INNER MONGOLIA	320 706.2	31 652.3	44 173.1	3 694.7	17.7	6.1
辽　宁	LIAONING	509 970.9	45 317.6	49 749.6	6 030.2	10.6	0.0
吉　林	JILIN	207 042.3	19 304.2	20 952.1	2 271.2	28.4	...
黑龙江	HEILONGJIANG	302 513.7	29 576.8	29 767.1	3 761.0	4.2	0.0
上　海	SHANGHAI	607 528.2	39 819.0	45 924.6	6 588.2	292.5	37.8
江　苏	JIANGSU	1 162 835.7	100 052.7	105 765.6	13 477.1	53.8	7.8
浙　江	ZHEJIANG	1 130 818.4	91 870.6	85 693.1	12 898.4	1.8	1 247.6
安　徽	ANHUI	353 158.9	42 507.0	48 436.5	4 728.0	7.4	12.0
福　建	FUJIAN	385 207.6	31 121.6	29 891.2	3 285.4	8.5	146.5
江　西	JIANGXI	163 401.4	15 909.4	17 113.9	1 899.2	7.2	43.8
山　东	SHANDONG	1 434 825.7	130 074.0	155 044.4	17 304.9	83.6	216.9
河　南	HENAN	803 735.9	86 953.0	102 647.2	10 814.9	102.3	9.7
湖　北	HUBEI	388 239.9	38 456.0	45 006.6	4 480.5	24.4	7.1
湖　南	HUNAN	350 565.8	33 754.2	35 632.9	3 468.1	21.5	13.0
广　东	GUANGDONG	1 362 251.4	125 650.7	130 664.3	21 899.6	21.6	957.3
广　西	GUANGXI	209 353.7	30 507.8	26 132.4	3 600.9	0.8	0.0
海　南	HAINAN	54 228.1	4 398.8	4 047.9	617.8	0.0	0.0
重　庆	CHONGQING	287 784.4	29 212.2	28 332.0	3 585.7	0.3	0.0
四　川	SICHUAN	454 918.2	54 601.1	56 883.0	6 076.6	7.7	1.3
贵　州	GUIZHOU	150 189.4	17 588.9	20 553.2	1 241.4	0.0	0.1
云　南	YUNNAN	258 192.9	26 417.6	27 225.7	3 163.6	21.5	...
西　藏	TIBET	2 162.4	214.5	332.0	87.0	19.4	0.0
陕　西	SHAANXI	491 695.7	45 382.7	51 154.7	5 971.0	0.6	3.9
甘　肃	GANSU	197 913.2	17 274.3	20 778.5	1 484.2	95.2	8.2
青　海	QINGHAI	29 591.6	1 986.4	2 934.4	258.0	0.0	0.0
宁　夏	NINGXIA	96 667.1	7 109.6	8 989.8	1 586.9	2.9	0.0
新　疆	XINJIANG	249 015.7	20 398.7	24 288.5	3 358.3	0.7	0.6

各地区生活垃圾处理情况（一）
Centralized Treatment of Garbage by Region（1）
（2016）

年份/地区	Year/Region	生活垃圾处理场（厂）数量/家 Number of Garbage Treatment Plants (unit)	本年运行费用/万元 Annul Expenditure for Operation (10 000 yuan)	生活垃圾处理场（厂）累计完成投资/万元 Total Investment of Garbage Treatment Plants (10 000 yuan)	新增固定资产/万元 Newly-added Fixed Assets (10 000 yuan)
	2016	**2 327**	**835 917.1**	**18 297 665.8**	**931 706.5**
北　京	BEIJING	25	72 134.0	1 271 442.9	22 251.6
天　津	TIANJIN	7	18 061.8	142 104.5	5 543.1
河　北	HEBEI	120	27 856.5	597 064.7	13 163.9
山　西	SHANXI	93	23 121.9	878 027.0	14 662.5
内蒙古	INNER MONGOLIA	82	27 652.0	401 716.6	11 001.0
辽　宁	LIAONING	44	23 121.8	331 154.1	32 355.9
吉　林	JILIN	49	18 288.4	351 233.0	7 262.4
黑龙江	HEILONGJIANG	37	13 092.2	276 355.6	9 646.1
上　海	SHANGHAI	15	35 420.5	588 224.0	12 465.5
江　苏	JIANGSU	68	22 097.1	1 159 672.0	19 326.2
浙　江	ZHEJIANG	105	50 820.4	1 434 755.5	108 944.9
安　徽	ANHUI	90	20 145.4	561 360.8	29 493.4
福　建	FUJIAN	95	17 702.0	833 987.8	54 915.3
江　西	JIANGXI	82	12 507.9	278 958.6	31 392.8
山　东	SHANDONG	97	34 703.2	1 113 338.7	41 313.1
河　南	HENAN	125	28 639.5	585 119.0	34 270.5
湖　北	HUBEI	107	34 394.3	756 879.6	24 383.5
湖　南	HUNAN	105	64 037.4	772 194.0	78 422.5
广　东	GUANGDONG	127	103 695.2	1 829 114.1	114 311.3
广　西	GUANGXI	70	25 568.5	632 610.4	119 155.1
海　南	HAINAN	20	4 893.7	203 142.7	6 957.7
重　庆	CHONGQING	45	16 992.9	433 545.7	7 556.4
四　川	SICHUAN	125	47 549.0	875 474.7	69 705.4
贵　州	GUIZHOU	61	13 648.4	322 789.6	8 069.1
云　南	YUNNAN	115	20 464.6	496 463.6	19 906.3
西　藏	TIBET	66	5 678.1	119 768.5	2 486.5
陕　西	SHAANXI	78	16 287.7	425 114.3	8 983.1
甘　肃	GANSU	87	8 883.1	219 318.7	5 712.0
青　海	QINGHAI	56	3 533.6	74 361.4	1 673.9
宁　夏	NINGXIA	21	4 108.2	92 906.0	3 299.0
新　疆	XINJIANG	110	20 817.8	239 467.9	13 076.8

各地区生活垃圾处理情况（二）
Centralized Treatment of Garbage by Region（2）
（2016）

单位：万吨　　　　（10 000 tons）

年份/地区	Year/Region	填埋量 Landfill	堆肥量 Compost	焚烧量 Incineration	其他方式处理量 Other
	2016	**18 349.0**	**288.1**	**7 718.3**	**323.2**
北　京	BEIJING	612.1	125.0	235.6	26.9
天　津	TIANJIN	136.7	0.0	117.3	0.0
河　北	HEBEI	849.5	15.2	207.0	4.1
山　西	SHANXI	548.8	5.4	136.9	1.1
内蒙古	INNER MONGOLIA	509.4	0.0	39.3	10.3
辽　宁	LIAONING	820.6	16.9	52.0	13.9
吉　林	JILIN	433.2	0.0	74.9	0.0
黑龙江	HEILONGJIANG	438.1	0.0	25.3	3.8
上　海	SHANGHAI	415.2	46.2	260.1	0.5
江　苏	JIANGSU	582.3	3.4	1 027.7	0.0
浙　江	ZHEJIANG	852.1	0.0	1 223.4	3.7
安　徽	ANHUI	582.4	0.0	224.7	6.1
福　建	FUJIAN	496.2	0.0	547.1	9.4
江　西	JIANGXI	560.8	3.0	51.6	0.0
山　东	SHANDONG	1 046.0	42.3	707.9	7.5
河　南	HENAN	1 221.3	5.1	161.9	0.0
湖　北	HUBEI	525.4	0.0	330.2	17.2
湖　南	HUNAN	877.0	0.0	121.0	83.8
广　东	GUANGDONG	2 051.8	10.1	961.3	0.0
广　西	GUANGXI	454.8	7.6	77.8	0.1
海　南	HAINAN	125.6	0.0	135.3	89.7
重　庆	CHONGQING	440	0.3	151.4	7.3
四　川	SICHUAN	917.3	0.0	370.7	0.9
贵　州	GUIZHOU	443.2	0.0	64.5	0.0
云　南	YUNNAN	374.4	7.7	356.7	0.2
西　藏	TIBET	93.4	0.0	0.0	20.6
陕　西	SHAANXI	645.1	0.0	0.0	4.9
甘　肃	GANSU	352.3	0.0	17.5	0.0
青　海	QINGHAI	196.0	0.0	0.0	0.0
宁　夏	NINGXIA	118.5	0.0	39.3	6.2
新　疆	XINJIANG	629	0.0	0.0	5.0

各地区危险废物（医疗废物）集中处置情况（一）

Centralized Treatment of Hazardous Wastes（MedicalWastes）by Region（1）

（2016）

年份/地区	Year/ Region	危险废物集中处置厂数量/家 Number of Centralized Hazardous Wastes Treatment Plants（unit）	医疗废物集中处置厂数/家 Number of Centralized Medical Wastes Treatment Plants（unit）	本年运行费用/万元 Annul Expenditure for Operation（10 000 yuan）	危险废物（医疗废物）集中处置厂累计完成投资/万元 Total Investment of Hazardous/ Medical Wastes Treatment Plants（10 000 yuan）	新增固定资产/万元 Newly-added Fixed Assets（10 000 yuan）
	2016	**938**	**260**	**1 185 923.3**	**5 867 799.7**	**485 032.5**
北　京	BEIJING	10	1	51 822.1	110 196.3	1 589.2
天　津	TIANJIN	17	1	27 835.9	117 657.3	1 475.3
河　北	HEBEI	31	11	15 615.5	87 856.9	15 174.1
山　西	SHANXI	8	10	11 069.5	54 339.1	32 338.0
内蒙古	INNER MONGOLIA	7	11	10 568.0	57 808.6	2 930.4
辽　宁	LIAONING	32	8	34 044.9	141 518.6	20 326.9
吉　林	JILIN	33	7	19 974.1	67 060.2	3 510.9
黑龙江	HEILONGJIANG	10	8	12 197.5	55 961.4	6 845.0
上　海	SHANGHAI	26	0	89 718.1	248 559.2	53 525.6
江　苏	JIANGSU	196	4	160 571.2	806 839.0	86 591.8
浙　江	ZHEJIANG	99	7	118 629.0	546 088.7	45 448.7
安　徽	ANHUI	24	10	19 728.5	125 451.0	4 386.0
福　建	FUJIAN	32	6	24 320.6	147 902.5	8 918.2
江　西	JIANGXI	45	9	32 893.7	276 401.8	15 958.3
山　东	SHANDONG	55	14	53 040.0	224 524.5	22 679.1
河　南	HENAN	15	23	25 386.4	132 040.0	12 531.7
湖　北	HUBEI	33	8	40 712.6	245 297.4	9 830.7
湖　南	HUNAN	6	10	11 789.1	63 170.7	1 824.1
广　东	GUANGDONG	89	20	196 112.9	593 500.3	44 272.3
广　西	GUANGXI	17	8	56 690.3	103 381.5	7 240.0
海　南	HAINAN	1	2	5 120.0	22 754.8	3 007.0
重　庆	CHONGQING	12	9	20 493.0	130 331.6	13 059.3
四　川	SICHUAN	11	16	23 542.2	123 962.6	2 498.7
贵　州	GUIZHOU	14	9	7 239.7	60 777.8	2 088.6
云　南	YUNNAN	5	8	10 172.8	48 340.7	415.8
西　藏	TIBET	2	3	1 134.7	12 990.4	0.0
陕　西	SHAANXI	42	8	49 172.8	420 087.0	11 496.9
甘　肃	GANSU	9	13	10 523.0	82 659.7	7 822.4
青　海	QINGHAI	12	3	3 604.6	110 567.9	8 836.6
宁　夏	NINGXIA	9	2	3 560.3	33 882.0	1 134.2
新　疆	XINJIANG	36	11	38 640.2	615 890.1	37 276.9

各地区危险废物（医疗废物）集中处置情况（二）

Centralized Treatment of Hazardous Wastes（MedicalWastes）by Region（2）

（2016）

单位：吨 （ton）

年份/地区	Year/ Region	危险废物实际处置量 Volume of Hazardous Wastes Disposed	工业危险废物处置量 Industrial Hazardous Wastes	医疗废物处置量 Medical Hazardous Wastes	其他危险废物处置量 Other Hazardous Wastes	危险废物综合利用量 Volume of Hazardous Wastes Utilized
2016		**9 043 527**	**7 572 446**	**842 606**	**628 475**	**8 942 534**
北　京	BEIJING	120 090	78 094	31 947	10 050	46 819
天　津	TIANJIN	458 103	442 004	12 729	3 370	237 045
河　北	HEBEI	127 516	95 614	24 231	7 671	59 071
山　西	SHANXI	48 637	23 062	25 575	0	5 872
内蒙古	INNER MONGOLIA	35 983	20 190	14 956	837	4 683
辽　宁	LIAONING	329 786	217 017	24 021	88 748	191 509
吉　林	JILIN	158 394	108 056	10 804	39 534	93 186
黑龙江	HEILONGJIANG	70 374	44 722	25 646	6	3 309
上　海	SHANGHAI	383 633	286 128	45 738	51 768	135 747
江　苏	JIANGSU	1 363 464	1 288 520	48 057	26 888	2 438 681
浙　江	ZHEJIANG	1 068 601	908 726	70 103	89 772	1 044 099
安　徽	ANHUI	132 944	105 835	23 339	3 770	161 030
福　建	FUJIAN	161 390	111 924	28 026	21 440	95 887
江　西	JIANGXI	225 721	206 899	14 471	4 351	843 071
山　东	SHANDONG	294 816	234 029	54 629	6 158	400 933
河　南	HENAN	130 293	75 887	54 024	383	26 347
湖　北	HUBEI	128 997	80 429	36 568	12 000	118 984
湖　南	HUNAN	70 798	52 658	18 141	0	6 953
广　东	GUANGDONG	1 391 635	1 117 121	93 554	180 961	693 626
广　西	GUANGXI	41 350	15 492	25 858	0	258 585
海　南	HAINAN	15 682	10 897	4 786	0	0
重　庆	CHONGQING	394 432	356 525	18 105	19 802	321 359
四　川	SICHUAN	109 840	66 066	43 774	0	191 387
贵　州	GUIZHOU	35 552	15 173	16 682	3 697	18 617
云　南	YUNNAN	32 052	6 000	18 092	7 960	6 000
西　藏	TIBET	1 276	54	1 203	18	0
陕　西	SHAANXI	757 813	700 583	29 620	27 610	706 372
甘　肃	GANSU	133 484	122 627	10 748	108	60 083
青　海	QINGHAI	68 522	65 668	2 839	15	28 942
宁　夏	NINGXIA	22 144	19 208	2 936	0	46 562
新　疆	XINJIANG	730 205	697 239	11 406	21 560	697 773

10

各工业行业污染排放及治理统计

各工业行业废水排放及处理情况（一）

（2016）

单位：吨

行业名称	工业废水中污染物排放量			
	化学需氧量	氨氮	总氮	总磷
行业汇总	**1 228 259**	**64 502**	**184 097.3**	**16 901.3**
农、林、牧、渔服务业	3 196	102	267.0	52.0
煤炭开采和洗选业	27 947	52	116.7	0.5
石油和天然气开采业	1 857	82	55.9	0.1
黑色金属矿采选业	5 291	343	457.8	4.6
有色金属矿采选业	10 342	1 559	2 568.1	11.2
非金属矿采选业	2 367	608	708.7	91.5
开采专业及辅助性活动	18	0	4.8	0.0
其他采矿业	0	0	0.0	0.0
农副食品加工业	251 304	8 008	22 691.6	3 827.8
食品制造业	84 282	5 389	12 093.9	1 258.0
酒、饮料和精制茶制造业	99 344	4 192	10 725.7	1 721.9
烟草制品业	1 821	84	153.0	4.5
纺织业	109 852	3 978	18 662.6	801.6
纺织服装、服饰业	6 971	151	924.4	185.3
皮革、毛皮、羽毛及其制品和制鞋业	14 228	1 011	3 102.8	301.1
木材加工和木、竹、藤、棕、草制品业	9 513	8	30.2	5.9
家具制造业	1 131	3	28.2	30.7
造纸和纸制品业	135 332	2 484	6 325.2	2 835.1
印刷和记录媒介复制业	1 537	88	516.7	4.8
文教、工美、体育和娱乐用品制造业	1 455	140	225.5	34.3
石油、煤炭及其他燃料加工业	29 454	2 695	9 241.3	156.4
化学原料和化学制品制造业	164 176	18 452	49 836.1	1 913.1
医药制造业	44 806	3 127	8 771.0	796.7
化学纤维制造业	25 800	1 184	1 340.4	53.1
橡胶和塑料制品业	10 300	396	1 171.5	139.4
非金属矿物制品业	13 770	348	754.0	89.2
黑色金属冶炼和压延加工业	14 086	928	7 112.5	233.8
有色金属冶炼和压延加工业	22 793	2 107	2 223.3	129.6
金属制品业	18 466	905	2 303.4	408.5
通用设备制造业	5 021	161	505.2	166.3
专用设备制造业	3 761	105	411.3	39.1
汽车制造业	10 216	205	960.4	476.0
铁路、船舶、航空航天和其他运输设备制造业	5 621	90	313.2	101.6
电气机械和器材制造业	10 912	630	1 705.6	99.8
计算机、通信和其他电子设备制造业	22 062	1 669	7 834.7	432.6
仪器仪表制造业	2 604	38	184.2	41.9
其他制造业	745	75	57.3	16.3
废弃资源综合利用业	5 151	100	220.7	21.2
金属制品、机械和设备修理业	286	11	32.2	0.4
电力、热力生产和供应业	28 796	2 496	2 581.9	59.1
燃气生产和供应业	1 100	36	58.8	0.1
水的生产和供应业	20 545	464	6 819.5	355.9

各工业行业废水排放及处理情况（二）
（2016）

行业名称	工业废水中污染物排放量			
	石油类/吨	挥发酚/千克	氰化物/千克	重金属/千克
行业汇总	**11 599.4**	**272 123.8**	**57 935.6**	**162 646.2**
农、林、牧、渔服务业	1.4	0.0	0.0	0.0
煤炭开采和洗选业	751.5	28.6	0.0	12 869.7
石油和天然气开采业	154.4	2 092.4	0.8	22.2
黑色金属矿采选业	87.6	0.0	0.1	62.9
有色金属矿采选业	23.9	0.0	946.1	32 264.8
非金属矿采选业	14.2	0.0	0.0	61.6
开采专业及辅助性活动	0.1	0.0	0.0	6.4
其他采矿业	0.0	0.0	0.0	151.6
农副食品加工业	203.2	0.4	8.0	10.7
食品制造业	96.9	2.0	0.0	0.1
酒、饮料和精制茶制造业	3.5	0.0	0.1	1.0
烟草制品业	0.0	0.0	0.0	0.0
纺织业	34.8	228.0	0.0	210.1
纺织服装、服饰业	2.3	0.0	0.0	0.0
皮革、毛皮、羽毛及其制品和制鞋业	2.3	0.0	0.0	22 154.5
木材加工和木、竹、藤、棕、草制品业	0.1	0.0	0.0	0.0
家具制造业	23.1	0.0	0.0	0.7
造纸和纸制品业	62.8	4 775.5	0.0	0.0
印刷和记录媒介复制业	82.1	0.0	0.0	2.3
文教、工美、体育和娱乐用品制造业	15.2	0.0	11.0	68.0
石油、煤炭及其他燃料加工业	1 056.8	175 311.7	23 929.1	1 064.9
化学原料和化学制品制造业	1 309.2	52 761.1	15 909.9	10 052.2
医药制造业	14.8	1 639.8	31.3	17.1
化学纤维制造业	96.9	964.1	0.0	29.7
橡胶和塑料制品业	98.6	0.0	0.0	414.6
非金属矿物制品业	131.7	4 446.9	423.1	1.8
黑色金属冶炼和压延加工业	503.6	28 811.2	6 857.7	11 238.8
有色金属冶炼和压延加工业	876.0	561.6	599.0	27 451.2
金属制品业	1 599.4	0.0	6 484.9	20 625.5
通用设备制造业	888.9	0.0	151.6	1 205.0
专用设备制造业	431.4	89.5	58.7	106.1
汽车制造业	1 415.8	124.4	427.7	657.7
铁路、船舶、航空航天和其他运输设备制造业	332.0	29.8	23.1	451.1
电气机械和器材制造业	320.2	0.0	66.1	4 899.6
计算机、通信和其他电子设备制造业	622.1	34.0	2 003.4	16 020.1
仪器仪表制造业	16.8	0.0	3.5	83.8
其他制造业	33.3	0.0	0.0	0.0
废弃资源综合利用业	202.2	0.0	0.0	380.4
金属制品、机械和设备修理业	27.9	0.0	0.0	4.6
电力、热力生产和供应业	41.6	222.6	0.0	8.0
燃气生产和供应业	11.5	0.2	0.4	0.0
水的生产和供应业	9.5	0.0	0.0	47.5

各工业行业废气排放及处理情况

（2016）

单位：吨

行业名称	二氧化硫排放量	氮氧化物排放量	颗粒物排放量
行业汇总	**7 704 689**	**8 091 004**	**13 761 577**
农、林、牧、渔服务业	18 504	7 785	14 846
煤炭开采和洗选业	38 515	52 150	1 786 187
石油和天然气开采业	22 517	15 582	8 272
黑色金属矿采选业	6 765	16 068	162 023
有色金属矿采选业	3 806	6 040	268 023
非金属矿采选业	16 863	40 764	330 144
开采专业及辅助性活动	3 634	929	7 888
其他采矿业	9	50	71
农副食品加工业	194 565	86 952	186 801
食品制造业	81 802	47 860	72 949
酒、饮料和精制茶制造业	52 426	28 253	57 367
烟草制品业	3 712	1 820	26 712
纺织业	80 923	52 249	55 968
纺织服装、服饰业	11 655	5 652	17 965
皮革、毛皮、羽毛及其制品和制鞋业	10 408	9 197	129 617
木材加工和木、竹、藤、棕、草制品业	68 871	46 992	261 402
家具制造业	9 757	7 416	102 827
造纸和纸制品业	124 368	96 000	83 703
印刷和记录媒介复制业	6 524	3 444	6 362
文教、工美、体育和娱乐用品制造业	7 489	3 497	28 894
石油、煤炭及其他燃料加工业	317 452	493 220	481 782
化学原料和化学制品制造业	761 038	504 205	984 789
医药制造业	63 268	28 033	42 732
化学纤维制造业	27 754	22 948	27 633
橡胶和塑料制品业	46 850	34 463	167 017
非金属矿物制品业	1 736 264	2 275 913	4 025 559
黑色金属冶炼和压延加工业	1 045 943	1 359 980	1 785 729
有色金属冶炼和压延加工业	734 870	339 579	468 663
金属制品业	37 780	46 785	433 983
通用设备制造业	13 944	44 247	208 452
专用设备制造业	10 304	13 968	121 043
汽车制造业	6 063	23 832	100 590
铁路、船舶、航空航天和其他运输设备制造业	2 185	7 620	30 533
电气机械和器材制造业	12 113	28 647	33 097
计算机、通信和其他电子设备制造业	3 352	11 558	21 318
仪器仪表制造业	657	640	1 427
其他制造业	5 549	6 207	4 133
废弃资源综合利用业	20 654	12 134	35 062
金属制品、机械和设备修理业	246	625	4 281
电力、热力生产和供应业	2 094 123	2 301 513	1 165 644
燃气生产和供应业	1 002	6 062	9 802
水的生产和供应业	167	124	286

各工业行业一般工业固体废物产生及利用处置情况
（2016）

单位：万吨

行业名称	一般工业固体废物产生量	一般工业固体废物综合利用量	一般工业固体废物处置量
行业汇总	**371 237**	**210 995**	**85 232**
农、林、牧、渔服务业	917	893	23
煤炭开采和洗选业	49 052	26 350	18 741
石油和天然气开采业	177	91	53
黑色金属矿采选业	51 436	9 641	17 221
有色金属矿采选业	48 580	9 056	16 987
非金属矿采选业	13 193	8 985	2 227
开采专业及辅助性活动	218	70	142
其他采矿业	104	106	0
农副食品加工业	5 979	5 500	178
食品制造业	775	644	124
酒、饮料和精制茶制造业	1 194	1 121	63
烟草制品业	421	407	12
纺织业	864	691	170
纺织服装、服饰业	118	108	10
皮革、毛皮、羽毛及其制品和制鞋业	119	96	20
木材加工和木、竹、藤、棕、草制品业	1 971	1 876	93
家具制造业	146	138	7
造纸和纸制品业	2 508	2 116	331
印刷和记录媒介复制业	140	130	9
文教、工美、体育和娱乐用品制造业	40	35	5
石油、煤炭及其他燃料加工业	8 753	4 554	2 736
化学原料和化学制品制造业	37 543	23 326	5 689
医药制造业	395	311	61
化学纤维制造业	518	444	98
橡胶和塑料制品业	408	364	41
非金属矿物制品业	11 355	10 138	997
黑色金属冶炼和压延加工业	46 749	41 138	4 152
有色金属冶炼和压延加工业	16 715	5 915	4 677
金属制品业	2 123	1 908	193
通用设备制造业	685	650	43
专用设备制造业	440	407	29
汽车制造业	940	825	113
铁路、船舶、航空航天和其他运输设备制造业	267	238	29
电气机械和器材制造业	282	237	42
计算机、通信和其他电子设备制造业	1 092	784	206
仪器仪表制造业	39	30	6
其他制造业	16	13	2
废弃资源综合利用业	1 232	1 084	133
金属制品、机械和设备修理业	42	37	5
电力、热力生产和供应业	63 135	50 076	9 487
燃气生产和供应业	46	38	0
水的生产和供应业	513	422	78

各工业行业危险废物产生及利用处置情况
（2016）

单位：吨

行业名称	危险废物产生量	危险废物利用处置量
行业汇总	**52 195 017**	**43 172 073**
农、林、牧、渔服务业	195	194
煤炭开采和洗选业	13 016	9 541
石油和天然气开采业	1 996 889	1 841 635
黑色金属矿采选业	5 212	5 025
有色金属矿采选业	5 248 453	1 628 797
非金属矿采选业	978 769	178 550
开采专业及辅助性活动	17 924	17 863
其他采矿业	0	0
农副食品加工业	33 814	30 808
食品制造业	123 346	117 269
酒、饮料和精制茶制造业	12 039	8 169
烟草制品业	1 753	1 652
纺织业	73 987	65 072
纺织服装、服饰业	12 657	11 833
皮革、毛皮、羽毛及其制品和制鞋业	53 687	46 235
木材加工和木、竹、藤、棕、草制品业	12 341	6 644
家具制造业	45 498	39 310
造纸和纸制品业	3 258 026	3 254 333
印刷和记录媒介复制业	46 500	42 079
文教、工美、体育和娱乐用品制造业	14 987	13 722
石油、煤炭及其他燃料加工业	4 104 775	3 919 986
化学原料和化学制品制造业	11 585 585	11 241 216
医药制造业	1 246 632	1 179 388
化学纤维制造业	542 100	22 387
橡胶和塑料制品业	177 283	155 213
非金属矿物制品业	557 713	523 788
黑色金属冶炼和压延加工业	4 032 051	3 904 798
有色金属冶炼和压延加工业	7 850 172	5 786 333
金属制品业	1 842 406	1 640 461
通用设备制造业	381 785	350 889
专用设备制造业	154 532	144 189
汽车制造业	632 147	593 101
铁路、船舶、航空航天和其他运输设备制造业	89 615	81 975
电气机械和器材制造业	645 091	611 352
计算机、通信和其他电子设备制造业	2 458 990	2 417 365
仪器仪表制造业	13 519	12 006
其他制造业	35 228	33 543
废弃资源综合利用业	442 334	334 958
金属制品、机械和设备修理业	97 492	92 251
电力、热力生产和供应业	3 258 586	2 711 328
燃气生产和供应业	97 140	96 095
水的生产和供应业	746	720

各工业行业污染治理情况（一）
（2016）

行业名称	废水治理设施数量/套	废水治理设施治理能力/（万吨/日）	废水治理设施运行费用/万元
行业汇总	**63 477**	**20 010.4**	**6 270 479.3**
农、林、牧、渔服务业	175	13.9	5 459.9
煤炭开采和洗选业	2 719	1 062.2	146 682.8
石油和天然气开采业	525	480.5	288 366.2
黑色金属矿采选业	484	833.6	59 688.1
有色金属矿采选业	1 050	614.8	116 190.2
非金属矿采选业	282	90.4	12 646.4
开采专业及辅助性活动	37	17.4	4 029.9
其他采矿业	10	1.8	955.7
农副食品加工业	6 085	689.6	171 122.3
食品制造业	2 731	472.7	129 863.5
酒、饮料和精制茶制造业	2 124	644.6	105 357.0
烟草制品业	115	15.0	9 197.7
纺织业	4 727	1 076.0	529 352.4
纺织服装、服饰业	729	84.6	27 238.7
皮革、毛皮、羽毛及其制品和制鞋业	1 434	139.7	75 536.0
木材加工和木、竹、藤、棕、草制品业	523	19.6	9 033.0
家具制造业	281	2.9	3 157.8
造纸和纸制品业	2 364	1 892.4	448 928.0
印刷和记录媒介复制业	426	13.4	9 011.0
文教、工美、体育和娱乐用品制造业	371	11.8	5 897.2
石油、煤炭及其他燃料加工业	938	409.3	450 787.9
化学原料和化学制品制造业	7 570	1 575.0	1 041 274.8
医药制造业	3 062	236.4	231 724.9
化学纤维制造业	336	177.0	77 535.2
橡胶和塑料制品业	964	64.6	25 529.2
非金属矿物制品业	3 336	282.2	70 329.0
黑色金属冶炼和压延加工业	1 739	7 050.1	939 724.8
有色金属冶炼和压延加工业	1 831	307.1	165 718.1
金属制品业	4 988	273.0	237 616.6
通用设备制造业	1 350	55.6	33 140.9
专用设备制造业	790	51.8	22 421.6
汽车制造业	1 788	109.4	95 758.6
铁路、船舶、航空航天和其他运输设备制造业	719	34.9	23 202.3
电气机械和器材制造业	1 182	68.3	66 762.8
计算机、通信和其他电子设备制造业	2 556	332.9	323 245.5
仪器仪表制造业	272	10.8	89 706.3
其他制造业	708	28.3	17 491.1
废弃资源综合利用业	251	12.1	8 434.2
金属制品、机械和设备修理业	133	7.0	3 300.0
电力、热力生产和供应业	1 735	740.5	181 545.1
燃气生产和供应业	37	7.4	7 516.6
水的生产和供应业	—	—	—

注：因统计口径原因，水的生产和供应业无数据。

各工业行业污染治理情况（二）
（2016）

行业名称	废气治理设施数量/套	脱硫设施	脱硝设施	除尘设施	VOCs 治理设施	废气治理设施运行费用/万元
行业汇总	**158 682**	**30 700**	**10 124**	**101 427**	**16 431**	**23 886 925.2**
农、林、牧、渔服务业	246	26	2	210	8	2 624.2
煤炭开采和洗选业	5 278	1 920	88	3 270	0	53 231.2
石油和天然气开采业	175	46	7	92	30	16 597.2
黑色金属矿采选业	599	79	1	519	0	16 877.8
有色金属矿采选业	672	110	16	544	2	17 009.2
非金属矿采选业	579	97	12	470	0	17 506.4
开采专业及辅助性活动	75	26	1	45	3	6 212.6
其他采矿业	47	2	0	45	0	1 232.6
农副食品加工业	6 519	1 281	204	4 984	50	103 181.4
食品制造业	2 960	673	114	2 124	49	79 521.5
酒、饮料和精制茶制造业	2 107	557	71	1 441	38	41 296.7
烟草制品业	295	44	3	247	1	18 565.7
纺织业	6 306	1 246	292	3 795	973	194 169.6
纺织服装、服饰业	850	124	11	682	33	8 819.5
皮革、毛皮、羽毛及其制品和制鞋业	1 730	456	11	979	284	46 907.9
木材加工和木、竹、藤、棕、草制品业	2 433	140	12	2 096	185	102 514.0
家具制造业	1 311	24	0	627	660	33 055.5
造纸和纸制品业	3 974	1 080	321	2 483	90	1 133 247.1
印刷和记录媒介复制业	1 034	80	5	309	640	18 792.7
文教、工美、体育和娱乐用品制造业	546	27	1	319	199	5 624.4
石油、煤炭及其他燃料加工业	3 126	885	269	1 627	345	1 127 132.0
化学原料和化学制品制造业	17 480	3 349	971	9 581	3 579	1 380 215.5
医药制造业	3 538	626	117	2 063	732	183 377.2
化学纤维制造业	893	236	113	376	168	70 370.7
橡胶和塑料制品业	4 459	562	80	2 183	1 634	761 507.8
非金属矿物制品业	33 090	5 196	2 163	25 448	283	2 272 613.8
黑色金属冶炼和压延加工业	8 499	1 204	97	7 166	32	5 029 544.8
有色金属冶炼和压延加工业	4 844	1 071	190	3 474	109	1 100 048.4
金属制品业	5 476	914	48	3 514	1 000	209 084.5
通用设备制造业	2 251	148	11	1 458	634	41 599.4
专用设备制造业	1 538	95	5	984	454	34 200.5
汽车制造业	2 958	93	21	1 639	1 205	358 719.9
铁路、船舶、航空航天和其他运输设备制造业	1 702	116	21	967	598	46 931.0
电气机械和器材制造业	1 817	107	25	1 104	581	84 691.8
计算机、通信和其他电子设备制造业	2 438	57	54	1 032	1 295	177 949.7
仪器仪表制造业	273	10	2	129	132	997 215.7
其他制造业	1 042	143	28	679	192	22 206.8
废弃资源综合利用业	713	108	8	519	78	102 542.5
金属制品、机械和设备修理业	213	33	10	102	68	3 411.8
电力、热力生产和供应业	24 408	7 658	4 691	11 994	65	7 828 825.6
燃气生产和供应业	188	51	28	107	2	137 748.7
水的生产和供应业	—	—	—	—	—	—

注：因统计口径原因，水的生产和供应业无数据。

11

各地区生态环境管理统计

各地区环境信访情况

（2016）

单位：件

地区名称	微信举报数量
总 计	**65 831**
国家级	0
北 京	1 984
天 津	1 256
河 北	3 294
山 西	1 858
内蒙古	685
辽 宁	1 691
吉 林	1 161
黑龙江	1 491
上 海	1 359
江 苏	3 616
浙 江	3 786
安 徽	1 122
福 建	3 424
江 西	1 862
山 东	3 667
河 南	4 529
湖 北	1 439
湖 南	1 631
广 东	15 377
广 西	1 842
海 南	180
重 庆	883
四 川	1 833
贵 州	655
云 南	1 100
西 藏	0
陕 西	1 708
甘 肃	1 070
青 海	78
宁 夏	451
新 疆	799

各地区承办的人大建议数和政协提案情况

（2016）

单位：件

地区名称	承办的人大建议数量	承办的政协提案数量
总　计	**8 245**	**10 778**
国家级	445	266
北　京	80	123
天　津	103	96
河　北	397	487
山　西	303	270
内蒙古	53	139
辽　宁	287	364
吉　林	110	164
黑龙江	74	74
上　海	83	108
江　苏	683	694
浙　江	584	696
安　徽	273	533
福　建	375	427
江　西	228	349
山　东	320	758
河　南	402	734
湖　北	727	1 101
湖　南	361	368
广　东	365	445
广　西	270	356
海　南	11	20
重　庆	266	360
四　川	570	713
贵　州	32	33
云　南	301	421
西　藏	81	71
陕　西	97	166
甘　肃	111	126
青　海	94	84
宁　夏	45	109
新　疆	114	123

各地区环境法制情况

（2016）

单位：件

地区名称	当年受理行政复议案数量	当年颁布地方性环保法规数量	当年废止地方性环保法规数量	现行有效的地方性环保法规总数	当年颁布地方性环保规章数量	现行有效的地方性环保规章总数
总　计	**562**	**61**	**11**	**379**	**31**	**295**
国家级	0	—	—	—	—	—
北　京	26	2	3	4	5	6
天　津	11	1	1	4	5	6
河　北	63	3	1	16	0	17
山　西	2	1	0	7	0	1
内蒙古	11	2	0	19	0	7
辽　宁	10	0	0	4	0	4
吉　林	2	3	2	14	0	6
黑龙江	5	3	0	13	0	15
上　海	12	1	0	3	0	10
江　苏	65	4	0	29	0	27
浙　江	29	9	0	29	0	17
安　徽	17	4	0	14	3	10
福　建	26	0	0	6	4	8
江　西	5	1	0	8	3	4
山　东	2	3	1	21	1	8
河　南	25	1	0	8	0	8
湖　北	10	1	0	13	0	7
湖　南	32	2	0	12	4	21
广　东	125	6	1	35	1	15
广　西	12	0	0	2	0	4
海　南	16	4	0	24	3	17
重　庆	0	0	0	0	0	0
四　川	12	3	0	12	0	9
贵　州	2	2	2	10	1	8
云　南	8	1	0	19	0	26
西　藏	0	0	0	5	0	4
陕　西	8	2	0	15	1	8
甘　肃	10	0	0	10	0	8
青　海	3	0	0	5	0	3
宁　夏	2	0	0	7	0	8
新　疆	11	2	0	11	0	3

各地区环境科技与标准情况

（2016）

地区名称	当年发布的地方环境保护标准数量/项	当年全国开展强制性清洁生产审核评估企业数量/家
总　计	**58**	**3 580**
国家级	—	0
北　京	5	51
天　津	2	31
河　北	5	208
山　西	0	98
内蒙古	1	46
辽　宁	1	141
吉　林	5	33
黑龙江	0	0
上　海	4	20
江　苏	1	972
浙　江	2	324
安　徽	1	193
福　建	1	98
江　西	0	82
山　东	6	280
河　南	3	185
湖　北	0	115
湖　南	1	264
广　东	4	0
广　西	1	116
海　南	0	18
重　庆	7	45
四　川	1	0
贵　州	0	29
云　南	0	95
西　藏	0	0
陕　西	3	48
甘　肃	0	44
青　海	0	0
宁　夏	0	23
新　疆	4	21

各地区环境影响评价情况

（2016）

地区名称	审批和备案的建设项目投资总额/万元	审批和备案的建设项目环保投资总额/万元	建设项目环境影响评价文件审批数量/项
总　计	**3 339 714 847.6**	**132 706 855.2**	**166 614**
国家级	92 235 600.0	5 411 900.0	67
北　京	72 505 653.6	1 239 886.1	2 921
天　津	48 645 000.0	199 400.0	1 505
河　北	153 578 376.0	3 859 328.0	1 961
山　西	66 335 298.4	1 537 385.2	3 604
内蒙古	63 489 812.8	4 310 942.8	9 418
辽　宁	78 033 308.6	1 709 302.4	868
吉　林	54 423 438.0	1 058 601.9	4 668
黑龙江	56 486 965.5	1 520 813.9	5 222
上　海	116 474.3	6 248 926.5	4 501
江　苏	312 340 403.6	16 229 271.6	22 122
浙　江	236 192 286.7	3 754 536.9	2 270
安　徽	112 567 632.4	3 521 579.2	3 082
福　建	74 521 268.0	2 031 332.0	3 780
江　西	78 432 797.2	2 396 583.4	5 241
山　东	371 685 548.0	17 600 912.0	11 215
河　南	187 201 494.0	4 489 179.0	7 611
湖　北	178 498 737.7	7 120 818.0	8 191
湖　南	62 048 457.7	1 412 321.1	1 541
广　东	26 112 388.6	5 242 853.6	21 854
广　西	63 342 869.0	1 532 095.0	3 493
海　南	23 798 365.5	600 704.8	2 231
重　庆	108 508 994.0	7 967 734.0	3 046
四　川	84 658 273.5	1 819 774.8	1 958
贵　州	142 960 988.3	3 642 641.1	5 137
云　南	159 646 709.1	3 555 425.4	18 870
西　藏	41 447 303.0	2 601 023.0	1 405
陕　西	128 014 025.0	8 692 121.0	1 670
甘　肃	53 740 623.0	2 143 864.0	784
青　海	16 659 807.9	803 907.8	571
宁　夏	37 355 687.4	1 516 188.7	1 810
新　疆	154 130 260.9	6 935 502.0	3 997

各地区环境监测情况（一）

（2016）

地区名称	环境监测部门/机构数量/个	环境监测管理部门	环境监测中心（站）机构	环境监测人员数量/人	环境监测管理部门人员	环境监测中心（站）人员
总　计	**3 503**	**677**	**2 729**	**64 253**	**2 928**	**60 312**
国家级	3	1	1	207	17	190
北　京	20	2	18	717	8	709
天　津	20	1	16	562	193	326
河　北	233	38	171	4 270	196	3 921
山　西	194	44	132	3 683	217	3 343
内蒙古	150	30	114	2 465	65	2 321
辽　宁	125	45	84	2 636	224	2 419
吉　林	31	6	25	767	25	746
黑龙江	130	24	112	1 687	43	1 625
上　海	21	4	17	1 093	30	1 063
江　苏	144	34	106	3 819	132	3 584
浙　江	107	20	86	2 770	339	2 395
安　徽	100	17	83	1 714	79	1 640
福　建	106	17	86	1 947	66	1 786
江　西	138	25	106	1 740	93	1 588
山　东	180	15	152	4 133	80	3 795
河　南	189	68	118	4 432	199	4 134
湖　北	123	14	96	2 141	119	2 106
湖　南	184	51	135	3 306	167	3 153
广　东	151	17	133	3 693	71	3 593
广　西	113	26	85	1 863	71	1 782
海　南	19	1	19	341	4	345
重　庆	68	27	41	1 301	58	1 243
四　川	254	49	196	4 208	142	3 997
贵　州	102	18	105	1 278	49	1 358
云　南	164	16	147	2 048	28	1 958
西　藏	40	13	26	151	16	133
陕　西	149	19	109	2 141	68	2 104
甘　肃	97	21	75	1 148	60	1 013
青　海	29	6	21	352	22	278
宁　夏	14	2	15	359	17	426
新　疆	105	6	99	1 281	30	1 238

各地区环境监测情况（二）

（2016）

地区名称	环境监测用房面积/米^2	环境监测业务经费/万元	环境监测—监测仪器设备数量/台（套）	环境监测—监测仪器设备原值总值/万元	环境空气监测点位数量/个	国控监测点位	酸雨监测点位数量/个	沙尘天气影响环境质量监测点位数量/个
总　计	**3 166 677**	**1 321 220**	**331 905**	**4 088 472**	**3 839**	**1 436**	**803**	**75**
国家级	14 998	77 186	1 583	66 528	0	0	0	0
北　京	28 167	37 276	6 630	52 369	35	12	2	1
天　津	625	7 320	227	16 730	27	15	32	4
河　北	155 983	38 235	15 665	145 341	130	53	26	3
山　西	98 373	36 851	12 961	70 071	127	58	23	2
内蒙古	148 574	30 837	12 057	114 500	62	44	24	20
辽　宁	106 570	34 997	17 243	239 911	141	77	44	9
吉　林	45 551	7 110	3 345	30 396	79	33	0	0
黑龙江	75 795	12 750	6 295	40 413	121	57	34	0
上　海	72 541	46 508	7 435	83 443	72	10	21	0
江　苏	195 508	108 223	23 562	196 651	185	72	111	0
浙　江	141 194	86 211	15 829	120 444	118	47	0	0
安　徽	95 043	26 741	9 293	52 051	104	68	40	0
福　建	90 328	40 926	13 488	81 279	159	37	0	0
江　西	136 306	46 341	9 488	51 811	102	60	0	0
山　东	140 071	56 996	16 246	102 028	388	74	49	2
河　南	126 158	41 728	18 465	132 521	182	75	50	0
湖　北	94 219	27 799	10 405	64 886	88	51	0	0
湖　南	153 923	40 141	11 732	1 006 221	154	78	35	0
广　东	206 094	113 733	25 309	227 133	520	102	49	0
广　西	91 498	40 008	8 759	62 025	81	50	0	0
海　南	15 204	13 867	2 609	23 677	68	7	29	0
重　庆	82 348	31 577	12 259	56 873	71	17	49	0
四　川	229 318	166 179	24 382	149 516	201	94	71	0
贵　州	118 175	23 488	8 685	79 730	91	33	0	0
云　南	135 171	31 709	12 913	85 050	94	40	33	0
西　藏	11 498	20 760	1 131	35 033	51	18	1	0
陕　西	89 324	16 745	8 191	52 941	96	50	27	4
甘　肃	51 045	17 296	4 153	45 490	62	33	3	9
青　海	23 687	10 483	2 222	518 022	54	11	9	3
宁　夏	26 808	8 064	2 492	18 007	39	19	10	5
新　疆	166 583	23 137	6 851	67 382	137	41	31	13

各地区环境监测情况（三）

（2016）

单位：个

地区名称	地表水水质监测断面（点位）数量	国控断面（点位）	集中式饮用水水源地监测点位数量	地表水监测点位	地下水监测点位	近岸海域监测点位数量	近岸海域环境功能区点位	近岸海域环境质量点位
总　计	**11 426**	**2 767**	**4 856**	**3 359**	**1 497**	**1 029**	**508**	**419**
北　京	213	22	15	2	13	0	0	0
天　津	129	27	46	34	12	17	5	12
河　北	236	99	82	12	70	28	19	13
山　西	189	72	56	7	49	1	0	0
内蒙古	150	79	125	8	117	0	0	0
辽　宁	292	110	120	60	60	150	59	60
吉　林	215	92	51	41	10	0	0	0
黑龙江	205	116	72	22	50	0	0	0
上　海	817	27	13	13	0	16	6	10
江　苏	1 118	194	116	109	7	40	19	22
浙　江	561	143	125	125	0	111	66	56
安　徽	367	140	92	74	18	0	0	0
福　建	291	71	120	119	1	90	47	47
江　西	284	100	97	92	5	0	0	0
山　东	659	131	259	138	121	236	111	65
河　南	363	130	66	20	46	0	0	0
湖　北	432	168	87	83	4	3	0	0
湖　南	464	88	128	110	18	0	0	0
广　东	1 468	152	538	490	48	138	67	71
广　西	247	77	106	91	15	64	44	23
海　南	194	36	188	99	89	118	65	40
重　庆	478	80	88	85	3	0	0	0
四　川	441	96	932	605	327	0	0	0
贵　州	173	65	529	496	33	0	0	0
云　南	543	138	220	213	7	3	0	0
西　藏	139	46	70	15	55	0	0	0
陕　西	253	71	80	44	36	0	0	0
甘　肃	150	42	192	76	116	8	0	0
青　海	61	23	53	17	36	0	0	0
宁　夏	59	18	34	9	25	0	0	0
新　疆	235	114	156	50	106	6	0	0

各地区环境监测情况（四）

（2016）

地区名称	开展环境噪声监测的监测点位数量/个	区域环境噪声监测点位	道路交通噪声监测点位	功能区环境噪声监测点位	开展污染源监督性监测的重点企业数量/家
总　计	**79 119**	**55 449**	**20 981**	**2 689**	**28 683**
北　京	712	185	523	4	172
天　津	331	205	106	20	412
河　北	3 498	2 148	1 260	90	1 017
山　西	3 148	2 465	606	77	500
内蒙古	3 545	2 397	1 087	61	491
辽　宁	4 354	3 213	1 068	73	928
吉　林	1 733	1 033	591	109	238
黑龙江	3 601	2 551	943	107	322
上　海	498	249	195	54	1 696
江　苏	3 867	2 436	1 254	177	1 481
浙　江	3 066	2 062	884	120	1 504
安　徽	3 203	2 258	805	140	742
福　建	1 678	1 131	474	73	762
江　西	2 136	1 410	602	124	383
山　东	5 024	3 658	1 197	169	1 946
河　南	4 171	3 244	846	81	618
湖　北	2 851	2 001	757	93	782
湖　南	3 002	1 963	892	147	892
广　东	6 442	3 950	2 288	204	7 479
广　西	2 235	1 697	498	40	513
海　南	590	423	154	13	227
重　庆	658	491	145	22	1 879
四　川	4 773	3 843	763	167	982
贵　州	1 582	1 197	339	46	263
云　南	3 189	2 429	666	94	577
西　藏	231	195	32	4	17
陕　西	2 083	1 587	422	74	423
甘　肃	2 461	1 757	589	115	259
青　海	264	224	35	5	151
宁　夏	1 032	754	241	37	380
新　疆	3 161	2 293	719	149	647

各地区自然生态保护与建设情况

（2016）

地区名称	自然保护区个数量/个	自然保护区面积/公顷	自然保护区占陆地面积/%
总　计	**2 750**	**147 332 457**	**14.88**
北　京	20	135 519	8.26
天　津	8	91 115	7.65
河　北	45	709 617	3.67
山　西	46	1 103 300	7.04
内蒙古	182	12 702 703	10.74
辽　宁	105	2 672 652	13.37
吉　林	51	2 526 024	13.48
黑龙江	250	7 937 633	16.78
上　海	4	136 819	5.30
江　苏	31	535 824	3.80
浙　江	37	212 181	1.68
安　徽	106	512 693	3.68
福　建	92	445 050	3.16
江　西	200	1 225 732	7.34
山　东	88	1 118 672	4.90
河　南	33	776 645	4.65
湖　北	80	1 058 841	5.70
湖　南	128	1 315 254	6.21
广　东	384	1 849 555	7.14
广　西	78	1 350 372	5.51
海　南	49	2 706 564	6.92
重　庆	57	827 100	10.04
四　川	169	8 299 404	17.08
贵　州	124	895 417	5.08
云　南	160	2 882 837	7.32
西　藏	47	41 367 393	33.68
陕　西	60	1 131 357	5.50
甘　肃	60	8 915 345	20.94
青　海	11	21 773 168	30.14
宁　夏	14	533 050	8.03
新　疆	31	19 584 621	11.80

各地区辐射环境监测情况

（2016）

地区名称	辐射环境监测用房面积/米^2	辐射环境监测仪器设备原值总值/万元	辐射环境监测仪器设备数量/台（套）
总　计	**90 138**	**122 214**	**10 372**
北　京	718	7 649	219
天　津	60	382	41
河　北	2 959	3 324	217
山　西	750	1 597	128
内蒙古	2 860	5 100	290
辽　宁	4 478	3 150	288
吉　林	1 275	3 729	238
黑龙江	500	1 600	50
上　海	1 600	4 331	298
江　苏	5 642	2 913	519
浙　江	5 000	9 840	1 376
安　徽	1 146	1 498	159
福　建	8 157	8 411	628
江　西	2 760	3 000	168
山　东	2 135	8 798	472
河　南	3 429	7 814	376
湖　北	300	4 532	150
湖　南	600	673	85
广　东	15 712	5 537	919
广　西	3 951	5 689	370
海　南	2 500	3 328	327
重　庆	1 530	2 345	369
四　川	12 600	13 224	954
贵　州	199	1 591	234
云　南	960	2 000	432
西　藏	800	390	37
陕　西	2 117	2 166	313
甘　肃	1 500	2 000	239
青　海	1 500	2 868	231
宁　夏	1 600	1 400	160
新　疆	800	1 335	85

各地区环境监察执法情况（一）

（2016）

地区名称	已实施自动监控的重点排污单位数量/家	已实施自动监控的重点排污单位中排放口数量/个		已实施自动监控的重点排污单位中监控设备与环保部门稳定联网数量/家				
		水排放口	气排放口	COD监控设备与环保部门稳定联网	NH_3-N监控设备与环保部门稳定联网	SO_2监控设备与环保部门稳定联网	NO_x监控设备与环保部门稳定联网	烟尘监控设备与环保部门稳定联网
总　计	**9 918**	**6 446**	**9 306**	**6 430**	**5 829**	**8 315**	**8 099**	**8 861**
北　京	102	63	75	63	62	46	70	51
天　津	159	61	254	61	61	230	238	244
河　北	921	337	1 308	334	322	1 189	1 216	1 273
山　西	431	170	602	170	170	577	571	404
内蒙古	346	160	501	160	158	480	472	499
辽　宁	313	189	353	189	189	326	323	343
吉　林	172	118	221	118	118	187	189	219
黑龙江	213	142	192	142	137	190	190	192
上　海	93	106	59	106	89	59	57	55
江　苏	723	604	306	604	534	306	305	302
浙　江	587	500	212	500	330	201	203	201
安　徽	283	212	287	212	207	233	232	286
福　建	235	184	147	184	155	144	141	144
江　西	264	218	150	218	176	131	124	149
山　东	1 002	497	1 231	496	434	1 168	1 040	1 203
河　南	637	345	760	345	320	619	600	758
湖　北	356	276	221	276	249	174	176	206
湖　南	314	249	194	240	227	190	152	171
广　东	566	515	249	514	505	243	243	242
广　西	293	244	154	244	180	90	120	133
海　南	49	40	45	40	36	35	34	45
重　庆	195	138	135	138	138	135	135	134
四　川	350	285	235	285	257	162	155	220
贵　州	183	128	147	126	127	139	131	137
云　南	249	172	269	172	170	154	150	265
陕　西	290	170	267	170	166	256	260	259
甘　肃	186	112	248	112	107	202	147	244
青　海	68	35	93	35	32	81	58	92
宁　夏	112	63	129	63	60	120	118	129
新　疆	226	113	262	113	113	248	249	261

各地区环境监察执法情况（二）

（2016）

地区名称	排污费解缴入库户数/户	排污费解缴入库户金额/万元	实有环境监察执法人员数量/人	持有环境监察执法证件人员数量/人	纳入随机抽查信息库的污染源数量/家	日常监管随机抽查污染源数量/（家/次）
总　计	**267 224**	**2 008 929**	**80 104**	**55 435**	**689 226**	**409 835**
北　京	5 666	52 926	435	417	31 917	12 068
天　津	3 970	53 070	475	272	13 989	3 895
河　北	15 875	168 701	9 630	5 361	42 035	49 520
山　西	6 537	111 079	5 666	3 709	14 342	11 345
内蒙古	3 165	97 562	3 061	1 512	5 242	6 479
辽　宁	12 796	103 343	2 756	1 872	14 215	14 252
吉　林	9 055	36 622	2 545	2 108	16 285	12 901
黑龙江	5 426	42 836	2 133	1 610	14 034	10 596
上　海	2 992	35 225	541	416	29 797	5 220
江　苏	21 449	223 380	3 656	2 712	101 740	28 756
浙　江	19 265	93 095	3 240	2 187	95 258	27 426
安　徽	6 815	56 198	2 859	2 055	16 758	11 150
福　建	12 539	43 880	1 634	1 411	31 341	7 799
江　西	7 237	77 582	1 683	1 175	10 435	8 364
山　东	12 115	159 245	5 209	3 512	25 186	40 385
河　南	14 774	86 912	10 757	6 816	24 056	22 574
湖　北	8 354	59 723	2 497	2 497	14 875	18 195
湖　南	12 769	49 299	2 895	2 440	28 802	23 107
广　东	42 426	78 255	4 108	1 191	63 679	25 416
广　西	6 275	36 256	1 306	878	9 816	9 779
海　南	611	5 713	186	0	595	2 304
重　庆	6 314	40 267	971	861	19 847	9 155
四　川	8 980	56 138	2 387	2 578	16 661	11 919
贵　州	5 277	43 898	1 228	964	9 330	11 269
云　南	2 995	21 846	1 222	1 305	11 915	6 019
西　藏	0	0	102	58	461	733
陕　西	3 089	57 244	2 700	2 344	7 667	5 746
甘　肃	3 318	27 389	1 916	1 172	6 072	5 440
青　海	543	8 885	246	316	1 380	754
宁　夏	1 217	22 395	363	377	1 399	1 639
新　疆	5 380	59 969	1 697	1 309	10 097	5 630

各地区环境监察执法情况（三）

（2016）

地区名称	立案数量/件	下达处罚决定书数/件	罚没额金额/万元	组织听证数量/件	已执行案件数量/件	申请强制执行案件数量/件	社会公开案件数量/件	结案数量/件
总　计	**137 836**	**124 706**	**663 270**	**3 080**	**91 589**	**10 541**	**107 622**	**84 280**
北　京	13 706	13 043	15 170	129	11 556	45	4 925	9 241
天　津	1 885	1 340	9 203	40	840	146	1 340	605
河　北	7 681	7 564	43 893	32	6 926	109	6 938	6 169
山　西	3 547	3 426	26 335	26	3 017	47	3 022	2 961
内蒙古	3 150	3 065	26 731	11	2 198	112	2 471	2 042
辽　宁	3 375	3 207	28 439	47	2 133	174	2 845	2 075
吉　林	1 042	956	5 712	36	869	48	765	857
黑龙江	1 380	1 382	14 461	6	698	115	1 280	696
上　海	4 779	3 317	25 070	734	1 853	560	3 314	1 784
江　苏	11 431	10 510	71 734	237	6 316	1 100	10 320	5 942
浙　江	13 080	12 258	59 764	57	6 635	1 384	12 036	5 933
安　徽	2 634	2 456	13 748	33	1 577	73	2 300	1 459
福　建	3 946	3 795	14 008	44	2 544	429	3 795	2 164
江　西	1 773	1 704	11 864	1	1 475	12	1 418	1 394
山　东	9 267	8 905	59 056	189	7 032	834	8 762	6 809
河　南	4 682	3 985	44 034	38	3 637	192	3 985	3 429
湖　北	4 176	3 447	22 331	78	2 385	166	3 447	2 128
湖　南	1 597	1 600	5 807	40	1 595	7	1 386	931
广　东	19 026	15 445	68 429	852	9 791	4 157	15 689	8 717
广　西	2 160	2 160	10 740	52	1 306	2	1 238	2 160
海　南	687	618	2 369	31	384	146	537	327
重　庆	4 372	3 525	19 191	109	2 162	405	3 525	2 162
四　川	3 501	3 030	13 699	116	2 240	60	2 803	2 119
贵　州	1 775	1 639	6 661	23	1 375	46	1 719	1 106
云　南	1 392	1 279	7 195	44	1 095	35	1 121	1 064
西　藏	48	48	196	0	48	0	0	48
陕　西	7 505	7 092	16 624	28	6 565	64	3 426	6 628
甘　肃	1 491	1 478	9 640	12	1 212	13	1 223	1 202
青　海	307	235	1 883	0	235	0	235	235
宁　夏	553	510	3 363	15	421	50	419	414
新　疆	1 888	1 687	5 918	20	1 469	10	1 338	1 479

各地区环境应急情况

（2016）

单位：次

地区名称	当年突发环境事件发生次数	特别重大环境事件次数	重大环境事件次数	较大环境事件次数	一般环境事件次数	地级以上城市启动重污染天气应急预案		当年接到群众微信举报数量	当年受理群众微信举报数量
						启动次数	启动天数		
总　计	**304**	**0**	**3**	**5**	**296**	**922**	**3 507**	**65 882**	**49 087**
北　京	13	0	0	0	13	17	36	1 985	1 001
天　津	0	0	0	0	0	22	75	1 256	543
河　北	1	0	0	0	1	132	714	3 294	2 468
山　西	13	0	0	1	12	115	227	1 858	1 371
内蒙古	0	0	0	0	0	9	17	685	452
辽　宁	10	0	0	0	10	29	89	1 694	3 167
吉　林	3	0	0	0	3	13	34	1 161	1 300
黑龙江	3	0	0	0	3	24	49	1 493	904
上　海	3	0	0	0	3	6	6	1 359	939
江　苏	13	0	0	0	13	68	172	3 616	855
浙　江	16	0	0	0	16	3	6	3 786	3 000
安　徽	3	0	0	0	3	13	34	1 122	2 955
福　建	11	0	0	0	11	0	0	3 425	750
江　西	7	0	2	0	5	4	12	1 862	2 685
山　东	7	0	0	0	7	155	485	3 669	1 486
河　南	4	0	0	0	4	210	884	4 529	2 952
湖　北	37	0	0	1	36	22	88	1 439	931
湖　南	8	0	0	0	8	7	18	1 633	929
广　东	24	0	0	0	24	0	0	15 390	12 777
广　西	8	0	0	0	8	0	0	1 842	1 383
海　南	4	0	0	0	4	0	0	180	112
重　庆	11	0	0	0	11	0	0	883	755
四　川	20	0	0	2	18	19	155	1 833	1 180
贵　州	12	0	0	0	12	0	0	655	343
云　南	1	0	0	0	1	0	0	1 100	875
西　藏	0	0	0	0	0	0	0	0	0
陕　西	45	0	1	0	44	44	308	1 711	1 056
甘　肃	9	0	0	0	9	0	0	1 070	772
青　海	3	0	0	0	3	0	0	78	58
宁　夏	4	0	0	0	4	0	0	474	388
新　疆	11	0	0	1	10	10	98	800	700

12

主要生态环境统计指标解释

12.1 工业企业污染排放及处理利用情况

取水量指调查年度企业厂区内用于工业生产活动的水量中从外部取水的量。根据《工业企业产品取水定额编制通则》（GB/T 18820—2002），工业生产的取水量，包括取自地表水（以净水厂供水计量）、地下水、城镇供水工程，以及企业从市场购得的其他水（如其他企业回用水量）或水的产品（如蒸汽、热水、地热水等）的水量。其中，工业生产包括主要生产、辅助生产和附属生产。

工业生产的用水量包括主要生产用水、辅助生产（包括机修、运输、空压站等）用水和附属生产用水（包括绿化、食堂、厕所、保健站等）；不包括非工业生产单位的用水（如基建用水、厂内居民家庭用水和企业附属幼儿园、学校、对外营业的浴室、游泳池等的用水量）和居民生活用水量。

煤炭消耗量指调查年度企业所用煤炭的总消耗量。

燃料煤消耗量指调查年度企业厂区内用作燃料的煤炭消耗量（实物量），包括企业厂区内生产、生活用燃料煤，也包括砖瓦、石灰等产品生产用的内燃煤，不包括在生产工艺中用作原料并能转换成新的产品实体的煤炭消耗量。例如转换为水泥、焦炭、煤气、碳素、活性炭、氮肥的煤炭。

燃料油消耗量（不含车船用）指调查年度企业用作燃料的原油、汽油、柴油、煤油等各种油料总消耗量，不包括车船交通用油量。

焦炭消耗量指调查年度企业消耗的焦炭总量。

天然气消耗量指调查年度企业用作燃料的天然气消耗量。

工业锅炉数量指调查年度企业厂区内用于生产和生活的大于 1 蒸吨（含 1 蒸吨）的蒸汽锅炉、热水锅炉总台数和总蒸吨数，包括燃煤、燃油、燃气的锅炉，不包括茶炉。

其中，

20 蒸吨以上的指调查年度企业厂区内用于生产和生活的大于 20 蒸吨的蒸汽锅炉、热水锅炉总台数和总蒸吨数。

安装脱硫设施的指调查年度企业厂区内用于生产和生活的大于 20 蒸吨的蒸汽锅炉、热水锅炉中安装了脱硫设施的总台数和总蒸吨数。

10～20（含）蒸吨的指调查年度企业厂区内用于生产和生活的大于 10 蒸吨小于 20 蒸吨（含 20 蒸吨）的蒸汽锅炉、热水锅炉总台数和总蒸吨数。

10（含）蒸吨以下的指调查年度企业厂区内用于生产和生活的小于 10 蒸吨（含 10 蒸吨）的蒸汽锅炉、热水锅炉总台数和总蒸吨数。

工业炉窑数量指调查年度企业生产用的炉窑总数，如炼铁高炉、炼钢炉、冲天炉、烘干炉窑、锻造加热炉、水泥窑、石灰窑等。

工业废水排放量指调查年度经过企业厂区所有排放口排到企业外部的工业废水量。包括生产废水、外排的直接冷却水、废气治理设施废水、超标排放的矿井地下水和与工业废水混排的厂区生活污水，不包括独立外排的间接冷却水（清浊不分流的间接冷却水应计算在内）。

直接冷却水指在生产过程中，为满足工艺过程需要，使产品或半成品冷却所用与之直接接触的冷却水（包括调温、调湿使用的直流喷雾水）。

间接冷却水指在工业生产过程中，为保证生产设备能在正常温度下工作，用来吸收或转移生产设备的多余热量，所使用的冷却水（此冷却用水与被冷却介质之间由热交换器壁或设备隔开）。

直接排入环境的指废水经过工厂的排污口或经过下水道直接排入环境中，包括排入海、河流、湖泊、水库、蒸发地、渗坑以及农田等。对应的排水去向代码为 A、B、C、D、F、G、K。

排入污水处理厂的指企业产生的废水直接或间接经市政管网排入污水处理厂的废水量，包括排入城镇污水处理厂、工业废水集中处理厂以及其他单位的污水治理设施的废水量。对应的排水去向代码为 E、L、H。

工业废水处理量指经各种水治理设施（含城镇污水处理厂、工业废水处理厂）实际处理的工业废水量，包括处理后外排的和处理后回用的工业废水量。虽经处理但未达到国家或地方排放标准的废水量也应计算在内。计算时，如遇有车间和厂排放口均有治理设施，并对同一废水分级处理时，不应重复计算工业废水处理量。

工业废水中污染物产生量指调查年度调查对象生产过程中产生的未经过处理的废水中所含的化学需氧量、氨氮、总氮、总磷、石油类、挥发酚、氰化物等污染物和砷、铅、汞、镉、六价铬、总铬等重金属本身的纯质量。它可采用产排污系数根据生产的产品产量或原辅料用量计算求得，也可以通过工业废水产生量和其中污染物的浓度相乘求得，计算公式为

污染物产生量（纯质量）= 工业废水产生量 × 废水治理设施入口污染物的平均浓度（无治理设施可使用排口浓度）

计算砷、铅、汞、镉、六价铬、总铬等重金属污染物时，上述计算公式中“工业废水产生量”为产生重金属废水的车间年实际产生的废水量，“废水治理设施入口污染物的平均浓度”为该车间废水治理设施入口的年实际加权平均浓度，如没有设施则为车间排口的年实际加权平均浓度。

工业废水中污染物排放量指调查年度企业排放的工业废水中所含化学需氧量、氨氮、总氮、总磷、石油类、挥发酚、氰化物等污染物和砷、铅、汞、镉、六价铬等重金属本身的纯质量。它可采用产排污系数根据生产的产品产量或原辅料用量计算求得，也可以通过工业废水排放量和其中污染物的浓度相乘求得，计算公式为

污染物排放量（纯质量）=工业废水排放量 × 排放口污染物的平均浓度

(1) 如企业排出的工业废水经城镇污水处理厂或工业废水处理厂集中处理的，计算化学需氧量、氨氮、总氮、总磷、石油类、挥发酚、氰化物等污染物时，上述计算公式中“排放口污染物的平均浓度”即为污水处理厂排放口的年实际加权平均浓度。如果厂界排放浓度低于污水处理厂的排放浓度，以污水处理厂的排放浓度为准。

（2）计算砷、铅、汞、镉、六价铬等重金属污染物时，上述计算公式中“工业废水排放量”为车间排放口的年实际废水量，“排放口污染物的平均浓度”为车间排放口的年实际加权平均浓度。

工业废气排放量指调查年度企业厂区内排入空气中含有污染物的气体的总量，以标准状态（273开尔文，101 325帕斯卡）计。

废气污染物产生量指调查年度调查对象相应生产线生产过程中产生的未经过处理的废气中所含的污染物的质量。如二氧化硫、氮氧化物、颗粒物、挥发性有机物。

颗粒物产生量指生产过程中产生的未经过处理的废气中所含的烟尘及工业粉尘的总质量。烟尘是指通过燃烧煤、石煤、柴油、木柴、天然气等产生的烟气中的尘粒。通过有组织排放的，俗称烟道尘。工业粉尘指在生产工艺过程中排放的能在空气中悬浮一定时间的固体颗粒。如钢铁企业耐火材料粉尘、焦化企业的筛焦系统粉尘、烧结机的粉尘、石灰窑的粉尘、建材企业的水泥粉尘等。

废气污染物排放量指调查年度调查对象在生产过程中排入大气的废气污染物的质量，包括有组织排放量和无组织排放量。

废水治理设施数量指调查年度企业用于防治水污染和经处理后综合利用水资源的实有设施（包括构筑物）数，以一个废水治理系统为单位统计。附属于设施内的水治理设备和配套设备不单独计算。备用的、调查年度未运行的、已经报废的设施不统计在内。

只填报企业内部的废水治理设施，工业废水排入的城镇污水处理厂、集中工业废水处理厂不能算作企业的废水治理设施。企业内的废水治理设施包括一级、二级和三级处理的设施，如企业有2个排污口，1个排污口为一级处理（隔油池、化粪池、沉淀池等），另1个排污口为二级处理（如生化处理），则该企业有2套废水治理设施；若该企业只有1个排污口，经由该排污口的废水先经过一级处理，再经二级（甚至三级）处理后外排，则该企业视为1套废水治理设施。即针对同一股废水的所有水治理设备均视为1套治理设施，针对不同废水的水治理设备可视为多套治理设施。

废水治理设施处理能力指调查年度企业内部的所有废水治理设施具有的废水处理能力。

废水治理设施运行费用指调查年度企业维持废水治理设施运行所发生的费用。包括能源消耗、设备维修、人员工资、管理费、药剂费及与设施运行有关的其他费用等。

废气治理设施数量指调查年度企业用于减少排向大气的污染物或对污染物加以回收利用的废气治理设施总数，以一个废气治理系统为单位统计。包括除尘、脱硫、脱硝及其他的污染物的烟气治理设施。备用的、调查年度未运行的、已报废的设施不统计在内。

废气治理设施处理能力指调查年度企业废气治理设施的处理能力。

废气治理设施运行费用指调查年度维持废气治理设施运行所发生的费用。包括能源消耗、设备折旧、设备维修、人员工资、管理费、药剂费及与设施运行有关的其他费用等。

一般工业固体废物产生量指当年全年调查对象实际产生的一般工业固体废物的量。一般工业固体废物指企业在工业生产过程中产生且不属于危险废物的工业固体废物。根据其性质分为两种：

（1）第Ⅰ类一般工业固体废物：按照HJ 557规定方法获得的浸出液中任何一种特征污染物浓度

均未超过 GB 8978 最高允许排放浓度（第二类污染物最高允许排放浓度按照一级标准执行），且 pH 在 6～9 的一般工业固体废物；

（2）第Ⅱ类一般工业固体废物：按照 HJ 557 规定方法获得的浸出液中有一种或一种以上的特征污染物浓度超过 GB 8978 最高允许排放浓度（第二类污染物最高允许排放浓度按照一级标准执行），或 pH 在 6～9 的一般工业固体废物。

主要包括：

代码	名称	代码	名称
SW01	冶炼废渣	SW07	污泥
SW02	粉煤灰	SW08	放射性废物
SW03	炉渣	SW09	赤泥
SW04	煤矸石	SW10	磷石膏
SW05	尾矿	SW99	其他废物
SW06	脱硫石膏		

不包括矿山开采的剥离废石和掘进废石（煤矸石和呈酸性或碱性的废石除外）。酸性或碱性废石是指采掘的废石其流经水、雨淋水的 pH 小于 4 或 pH 大于 10.5 者。

冶炼废渣指在冶炼生产中产生的高炉渣、钢渣、铁合金渣等，不包括列入《国家危险废物名录》（2016 年版）中的金属冶炼废物。

粉煤灰指从燃煤过程产生烟气中收捕下来的细微固体颗粒物，不包括从燃煤设施炉膛排出的灰渣。主要来自电力、热力的生产和供应行业和其他使用燃煤设施的行业，又称飞灰或烟道灰。主要从烟道气体收集而得，应与其烟尘去除量基本相等。

炉渣指企业燃烧设备从炉膛排出的灰渣，不包括燃料燃烧过程中产生的烟尘。

煤矸石指与煤层伴生的一种含碳量低、比煤坚硬的黑灰色岩石，包括巷道掘进过程中的掘进矸石，采掘过程中从顶板、底板及夹层里采出的矸石以及洗煤过程中挑出的洗矸石。主要来自煤炭开采和洗选行业。

尾矿指矿山选矿过程中产生的有用成分含量低、在当前的技术经济条件下不宜进一步分选的固体废物，包括各种金属和非金属矿石的选矿。主要来自采矿业。

脱硫石膏指废气脱硫的湿式石灰石/石膏法工艺中，吸收剂与烟气中二氧化硫等反应后生成的副产物。

污泥指污水处理厂污水处理中排出的、以干泥量计的固体沉淀物，不包括列入《国家危险废物名录》（2016 版）属于危险废物的污泥。

赤泥指含铝的矿物原料制取氧化铝或氢氧化铝后所产生的废渣。

磷石膏指在磷酸生产中用硫酸分解磷矿时产生的二水硫酸钙、酸不溶物，未分解磷矿及其他杂质的混合物。主要来自磷肥制造业。

其他废物指除上述 10 类一般工业固体废物以外的未列入《国家危险废物名录》（2016 年版）中

的固体废物，如机械工业切削碎屑、研磨碎屑、废砂型等；食品工业的活性炭渣；硅酸盐工业和建材工业的砖、瓦、碎砾、混凝土碎块等。

一般工业固体废物产生量=（一般工业固体废物综合利用量–其中：综合利用往年贮存量）+一般工业固体废物贮存量+（一般工业固体废物处置量–其中：处置往年贮存量）+ 一般工业固体废物倾倒丢弃量

一般工业固体废物综合利用量指调查年度企业通过回收、加工、循环、交换等方式，从固体废物中提取或者使其转化为可以利用的资源、能源和其他原材料的固体废物量（包括当年利用的往年工业固体废物累计贮存量）。如用作农业肥料、生产建筑材料、筑路等。综合利用量由原产生固体废物的单位统计。

工业固体废物综合利用的主要方式：

序号	综合利用方式	序号	综合利用方式
1	铺路	9	再循环/再利用不是用作溶剂的有机物
2	建筑材料	10	再循环/再利用金属和金属化合物
3	农肥或土壤改良剂	11	再循环/再利用其他无机物
4	矿渣棉	12	再生酸或碱
5	铸石	13	回收污染减除剂的组分
6	其他	14	回收催化剂组分
7	作为燃料（直接燃烧除外）或以其他方式产生能量	15	废油再提炼或其他废油的再利用
8	溶剂回收/再生（如蒸馏、萃取等）	16	其他有效成分回收

综合利用往年贮存量指企业在调查年度对往年贮存的工业固体废物进行综合利用的量。

一般工业固体废物贮存量指调查年度企业以综合利用或处置为目的，将固体废物暂时贮存或堆存在专设的贮存设施或专设的集中堆存场所内的量。专设的固体废物贮存场所或贮存设施必须有防扩散、防流失、防渗漏、防止污染大气、水体的措施。

粉煤灰、钢渣、煤矸石、尾矿等的贮存量指排入灰场、渣场、矸石场、尾矿库等贮存的量。

专设的固体废物贮存场所或贮存设施指符合环保要求的贮存场，即选址、设计、建设符合《一般工业固体废物贮存、处置场污染控制标准》（GB 18599—2001）等相关环保法律法规要求，具有防扩散、防流失、防渗漏、防止污染大气和水体措施的场所和设施。

工业固体废物贮存的主要方式：

序号	贮存方式
1	灰场堆放
2	渣场堆放
3	尾矿库堆放
4	其他贮存（不包括永久性贮存）

一般工业固体废物处置量指调查年度企业将工业固体废物焚烧和用其他改变工业固体废物的物理、化学、生物特性的方法，达到减少或者消除其危险成分的活动，或者将工业固体废物最终置于符合环境保护规定要求的填埋场的活动中，所消纳固体废物的量。

处置方式包括填埋、焚烧、专业贮存场（库）封场处理、回填矿井及海洋处置（经海洋管理部门同意投海处置）等。

处置量包括本单位处置或委托给外单位处置的量，还包括当年处置的往年工业固体废物贮存量。

工业固体废物处置的主要方式：

处置方式
围隔堆存（属永久性处置）
填埋
置放于地下或地上（如填埋、填坑、填浜）
特别设计填埋
海洋处置
经生态环境管理部门同意的投海处置
埋入海床
焚化
陆上焚化
海上焚化
水泥窑协同处置（指将满足或经过预处理后满足入窑要求的固体废物投入水泥窑，在进行水泥熟料生产的同时实现对固体废物的无害化处置过程）
固化
其他处置（属于未在上面5种指明的处置作业方式外的处置）
废矿井永久性堆存（包括将容器置于矿井）
土地处理（属于生物降解，适合于液态固体废物或污泥固体废物）
地表存放（将液态固体废物或污泥固体废物放入坑、氧化塘、池中）
生物处理
物理化学处理
经生态环境管理部门同意的排入海洋之外的水体（或水域）
其他处理方法

处置往年贮存量指调查年度企业按照《关于固体废物处置、综合利用的作业方式的规定》的要求，处置的上一调查年度末企业累计贮存的工业固体废物的量。

一般工业固体废物倾倒丢弃量指调查年度企业将所产生的固体废物倾倒或者丢弃到固体废物污染防治设施、场所以外的量。倾倒丢弃方式包括：

（1）向水体排放的固体废物；

（2）在江河、湖泊、运河、渠道、海洋的滩场和岸坡倾倒、堆放和存贮废物；

（3）利用渗井、渗坑、渗裂隙和溶洞倾倒废物；

（4）向路边、荒地、荒滩倾倒废物；

（5）未经环保部门同意作填坑、填河和土地填埋固体废物；

(6) 混入生活垃圾进行堆置的废物；

(7) 未经海洋管理部门批准同意，向海洋倾倒废物；

(8) 其他去向不明的废物；

(9) 深层灌注。

一般工业固体废物倾倒丢弃量计算公式为

一般工业固体废物倾倒丢弃量＝一般工业固体废物产生量－一般工业固体废物贮存量－（一般工业固体废物综合利用量－其中：综合利用往年贮存量）－（一般工业固体废物处置量－其中：处置往年贮存量）

危险废物产生量按《国家危险废物名录》填报。危险废物指列入国家危险废物名录或者根据国家规定的危险废物鉴别标准和鉴别方法认定的，具有爆炸性、易燃性、易氧化性、毒性、腐蚀性、易传染性疾病等危险特性之一的废物。

危险废物利用处置量指调查年度调查对象从危险废物中提取物质作为原材料或者燃料的活动中消纳危险废物的量，以及将危险废物焚烧和用其他改变危险废物物理、化学、生物特性的方法，达到减少或者消除其危险成分的活动，或者将危险废物最终置于符合环境保护规定要求的填埋场的活动中，所消纳危险废物的量。包括本单位自行利用处置的本单位产生和接收外单位危险废物量。

危险废物的利用或处置方式：

代码	说明
危险废物（不含医疗废物）利用方式	
R1	作为燃料（直接燃烧除外）或以其他方式产生能量
R2	溶剂回收/再生（如蒸馏、萃取等）
R3	再循环/再利用不是用作溶剂的有机物
R4	再循环/再利用金属和金属化合物
R5	再循环/再利用其他无机物
R6	再生酸或碱
R7	回收污染减除剂的组分
R8	回收催化剂组分
R9	废油再提炼或其他废油的再利用
R15	其他
危险废物（不含医疗废物）处置方式	
D1	填埋
D9	物理化学处理（如蒸发、干燥、中和、沉淀等），不包括填埋或焚烧前的预处理
D10	焚烧
D16	其他
其他	
C1	水泥窑协同处置
C2	生产建筑材料
C3	清洗（包装容器）
医疗废物处置方式	
Y10	医疗废物焚烧
Y11	医疗废物高温蒸汽处理
Y12	医疗废物化学消毒处理
Y13	医疗废物微波消毒处理
Y16	医疗废物其他处置方式

危险废物利用处置往年贮存量指调查年度调查对象对往年贮存的危险废物进行处置和综合利用的量。

危险废物送持证单位量指将所产生的危险废物运往持有危险废物经营许可证的单位综合利用、进行处置或贮存的量。危险废物经营许可证是根据《危险废物经营许可证管理办法》由相应管理部门审批颁发。

危险废物（本年末）贮存量指截至调查年度年末，调查对象将危险废物以一定包装方式暂时存放在专设的贮存设施内的量。专设的贮存设施应符合《危险废物贮存污染控制标准》（GB 18597—2001）等相关环保法律法规要求，具有防扩散、防流失、防渗漏、防止污染大气和水体措施的设施。

12.2 工业企业污染防治投资情况

污染治理项目名称指以治理老污染源的污染、“三废”综合利用为主要目的的工程项目名称，或本年完成建设项目竣工环境保护验收的项目名称。

项目类型指按照不同的项目性质，老工业源污染治理项目分为两类，并给予不同的代码。

1-老工业污染源治理在建项目；2-老工业污染源治理本年竣工项目。

治理类型指按照不同的企业污染治理对象，污染治理项目分为14类：

1-工业废水治理；2-工业废气脱硫治理；3-工业废气脱硝治理；4-其他废气治理；5-一般工业固体废物治理；6-危险废物治理（企业自建设施）；7-噪声治理（含振动）；8-电磁辐射治理；9-放射性治理；10-工业企业土壤污染治理；11-矿山土壤污染治理；12-污染物自动在线监测仪器购置安装；13-污染治理搬迁；14-其他治理（含综合防治）。

本年完成投资及资金来源指在调查年度，企业实际用于环境治理工程的投资额。投资额中的资金来源，是指投资单位在本年内收到的用于污染治理项目投资的各种货币资金，包括排污费补助、政府其他补助、企业自筹。各种来源的资金均为调查年度投入的资金，不包括以往历年的投资。

本年污染治理资金合计＝排污费补助+政府其他补助+企业自筹

竣工项目设计或新增处理能力设计能力是指设计中规定的主体工程（或主体设备）及相应的配套的辅助工程（或配套设备）在正常情况下能够达到的处理能力。调查年度竣工的污染治理项目，属新建项目的填写设计文件规定的处理、利用“三废”能力；属改扩建、技术改造项目的填写经改造后新增加的处理利用能力，不包括改扩建之前原有的处理能力；只更新设备或重建构筑物，处理利用“三废”能力没有改变的则不填。

工业废水设计处理能力的计量单位为吨/天（t/d）；工业废气设计处理能力的计量单位为标米^3/时（m^3/h）；工业固体废物设计处理能力的计量单位为吨/天（t/d）；噪声治理（含振动）设计处理能力以降低分贝数表示；电磁辐射治理设计处理能力以降低电磁辐射强度表示（电磁辐射计量单位有电场

强度单位为伏特/米（V/m）、磁场强度单位为安培/米（A/m）、功率密度单位为瓦特/米^2（W/m^2）。放射性治理设计处理能力以降低放射性浓度表示，废水计量单位为贝可勒尔/升（Bq/L），固体废物计量单位为贝可勒尔/千克（Bq/kg）。

12.3 大型畜禽养殖场污染排放及处理利用情况

饲养量指被调查对象当年饲养的畜禽（奶牛、蛋鸡）平均存栏数量，或调查对象当年畜禽（生猪、肉牛、肉鸡）出栏总数。

取水量指调查年度养殖场区内用于生产活动的水量中从外部取水的量。包括取自地表水（以净水厂供水计量）、地下水、城镇供水工程，以及从市场购得的其他水（如其他企业回用水量）或水的产品（如蒸汽、热水、地热水等），不包括自取的海水和苦咸水等以及为外供给市场的水的产品（如蒸气、热水、地热水等）而取用的水量，也不包括对天然水、污水、海水以及雨水、微咸水等类似水进行收集、处理后作为产品供应和利用而取用的水量。

固肥产生量指调查年度养殖场由所调查的畜种所产生的固态肥料的总量，包括粪和垫料等。

接收外单位固肥量指调查年度接收的其他养殖场的、在本场进行利用的固态肥料量。

固肥利用量指调查年度养殖场经过各种方式进行利用的固肥总量。

送外单位处理利用量指调查年度养殖场送到其他单位以各种方式进行利用的总量。

液肥产生量指调查年度养殖场由所调查的畜种所产生的液态肥料的总量，包括尿液和冲刷粪、尿的废水。

接收外单位液肥量指调查年度接收的其他养殖场的、在本场进行利用的液态肥料量。

液肥利用量指调查年度养殖场经过各种方式进行利用的液肥总量。

农业利用包括直接农业利用、简单堆肥后利用、种植食用菌、水产养殖。

生产有机肥指通过生物发酵、干燥等工艺制成商品有机肥。

生产沼气指通过厌氧发酵生产沼气、沼气得到有效利用的处理方式。

处理后排放指尿液、污水经过耗氧或厌氧等各种方式处理后排入环境。

无利用包括直接排入环境、没有固定防雨堆场的粪尿处理方式。

12.4 生活污染排放及处理情况

生活煤炭消费量指报告期内调查区域用作生活的煤炭总量，包括第三产业及居民生活用煤。生活煤炭消费量计算公式为

生活煤炭消费量 = 全社会煤炭消费总量-工业用煤炭消费总量

生活用水总量指报告期内调查区域住宿业与餐饮业、居民服务和其他服务业、医院以及城镇生活等的用水总量（含自来水和自备水），包括居民家庭用水和公共服务用水两个部分（包括自来水和自备水），以城市供水管理部门的统计数据为准。

生活污水排放量用城镇污水排放系数法测算。

生活污水污染物产生量指报告期内各类生活源从贮存场所排入市政管道、排污沟渠和周边环境的量。

生活污水污染物排放量指报告期内最终排入外环境生活污水污染物的量，即生活污水污染物产生量扣减经集中污水处理设施去除的生活污水污染物量。

12.5 机动车

载客汽车指设计和技术特性上主要用于载运人员的汽车，包括以载运人员为主要目的的专用汽车。

载货汽车指设计和技术特性上主要用于载运货物或牵引挂车的汽车，包括以载运货物为主要目的的专用汽车。

低速汽车指三轮汽车和低速货车的总称。

摩托车指由动力装置驱动的，具有两个或三个车轮的道路车辆，但不包括：①整车整备质量超过400千克的三轮车辆；②最大设计车速、整车整备质量、外廓尺寸等指标符合有关国家标准的残疾人机动车轮骑车；③电驱动的，最大设计车速不大于20千米/时且整车整备质量符合相关国家标准的两轮车辆。

12.6 污水处理厂

污水处理厂包括城镇生活污水处理厂、工业废（污）水集中处理设施和其他污水处理设施。

城镇生活污水处理厂指在城镇或工业区，城市污水（生活污水、工业废水）通过排水管道集中于一个或几个处所，并利用由各种处理单元组成的污水处理系统进行净化处理，最终使处理后的污水和污泥达到规定要求后排放或再利用的设施。

工业废（污）水集中处理设施指提供社会化有偿服务，专门从事为工业园区、联片工业企业或周边企业处理工业废水（包括一并处理周边地区生活污水）的集中设施或独立运营的单位。不包括企业内部的污水处理设施。

其他污水处理设施指对不能纳入城市污水收集系统的居民区、风景旅游区、度假村、疗养院、机场、铁路车站以及其他人群聚集地排放的污水进行就地集中处理的设施。

污水处理厂累计完成投资指截至当年末调查对象建设实际完成的累计投资额，不包括运行费用。

新增固定资产指报告期内交付使用的固定资产价值。对于新建污水处理厂，本年新增固定资产投资等于总投资；对于改建、扩建污水处理厂，本年新增固定资产投资仅指报告期内交付使用的改建、扩建部分的固定资产投资，属于累计完成投资的一部分。

本年运行费用指报告期内维持污水处理厂（或处理设施）正常运行所发生的费用。包括能源消耗、设备维修、人员工资、管理费、药剂费及与污水处理厂（或处理设施）运行有关的其他费用等，不包括设备折旧费。

污水设计处理能力指截至当年末调查对象设计建设的设施正常运行时每天能处理的污水量。

污水实际处理量指调查对象报告期内实际处理的污水总量。

生活污水处理量指调查对象报告期内实际处理的污水中生活污水总量。

工业废水处理量指调查对象报告期内实际处理的污水中工业废水总量。

再生水利用量指调查对象报告期内处理后的污水中再回收利用的水量，包括直接用于工业冷却、洗涤、冲渣和景观用水、生活杂用。

工业用水量指调查对象报告期内污水再生水利用量中用于工业冷却用水等工业方面的水量。

市政用水指调查对象报告期内污水再生水利用量中用于消防、城市绿化等市政方面的水量。

景观用水量指调查对象报告期内污水再生水利用量中用于营造城市景观水体和各种水景构筑物的水量。

污泥产生量指调查对象报告期内在整个污水处理过程中最终产生污泥的质量。折合含水率为0的干泥量填报。污泥指污水处理厂（或处理设施）在进行污水处理过程中分离出来的固体。

干污泥产生量=湿污泥产生量×（$1-n\%$）

式中：$n\%$为湿污泥的含水率。

污泥处理量指报告期内采用土地利用、填埋、建筑材料利用和焚烧等方法对污泥最终消纳处置的质量。

土地利用量指报告期内将处理后的污泥作为肥料或土壤改良材料，用于园林、绿化或农业等场合的处置方式处置的污泥质量。

填埋处置量指报告期内采取工程措施将处理后的污泥集中堆、填、埋于场地内的安全处置方式处置的污泥质量。

建筑材料利用量指报告期内将处理后的污泥作为制作建筑材料的部分原料的处置方式处置的污泥质量。

焚烧处置量指报告期内利用焚烧炉使污泥完全矿化为少量灰烬的处置方式处置的污泥质量。

污泥倾倒丢弃量指报告期内不做处理利用处置而将污泥任意倾倒弃置到划定的污泥堆放场所以外的任何区域的质量。

12.7 生活垃圾处理场（厂）

垃圾处理场（厂）包括垃圾填埋场（厂）、堆肥场（厂）、焚烧场（厂）和其他方式处理垃圾的处理场（厂）。其中，垃圾焚烧场（厂）不包括垃圾焚烧发电厂，垃圾焚烧发电厂纳入工业源调查。

生活垃圾处理场（厂）累计完成投资指截至当年末调查对象建设实际完成的累计投资额，不包括运行费用。

本年新增固定资产指报告期内交付使用的固定资产价值。对于新建垃圾处理场（厂），本年新增固定资产投资等于总投资；对于改建、扩建垃圾处理场（厂），本年新增固定资产投资仅指报告期内交付使用的改建、扩建部分的固定资产投资，属于累计完成投资的一部分。

本年运行费用指报告期内维持垃圾处理场（厂）正常运行所发生的费用。包括能源消耗、设备维修、人员工资、管理费及与垃圾处理场（厂）运行有关的其他费用等，不包括设备折旧费。

本年实际处理量指报告期内对垃圾采取焚烧、填埋、堆肥或其他方式处理的垃圾总质量。

本年实际填埋量指报告期内以填埋方式处理的垃圾总质量。

本年实际堆肥量指报告期内以堆肥方式处理的垃圾总质量。

本年实际焚烧处理量指调查对象报告期内焚烧处理垃圾的总量。

渗滤液产生量指调查对象报告期内实际产生的渗滤液量。如果没有计量装置可按照产污系数计算产生量。

渗滤液排放量指调查对象报告期内排放到外部的渗滤液的总量(包括经过处理的和未经处理的)。如果没有计量装置可按照排污系数计算排放量。

渗滤液污染物产生量指报告期内未经过处理的渗滤液中所含的化学需氧量、氨氮、油类、总磷、挥发酚、氰化物、砷和汞、镉、铅、铬等重金属污染物本身的纯质量。按年产生量填报。

渗滤液污染物排放量指报告期内排放的渗滤液中所含的化学需氧量、氨氮、油类、总磷、挥发酚、氰化物、砷和汞、镉、铅、铬等重金属污染物本身的纯质量。按年排放量填报。

焚烧废气污染物产生量指报告期内垃圾焚烧过程中产生的未经过处理的废气中所含的二氧化硫、氮氧化物、烟尘和汞、镉、铅等重金属及其化合物（以重金属元素计）的固态、气态污染物的纯质量。按年产生量填报。

焚烧废气污染物排放量指报告期内垃圾焚烧过程中排放到大气中的废气（包括处理过的、未经过处理）中所含的二氧化硫、氮氧化物、烟尘和汞、镉、铅等重金属及其化合物（以重金属元素计）的固态、气态污染物的纯质量。按年排放量填报。

12.8 危险废物（医疗废物）集中处理厂

集中式污染治理设施危险废物集中处理厂指服务于一定区域专营或兼营危险废物集中处理且有危险废物经营许可证的危险废物集中处理厂，不包括危险废物收集经营许可证单位。

危险废物（医疗废物）集中处理厂累计完成投资指截至当年末，调查对象建设实际完成的累计投资额，不包括运行费用。

新增固定资产指报告期内交付使用的固定资产价值。对于新建危险废物（医疗废物）集中处置厂，本年新增固定资产投资等于总投资；对于改建、扩建危险废物（医疗废物）集中处置厂，本年新增固定资产投资仅指报告期内交付使用的改建、扩建部分的固定资产投资，属于累计完成投资的一部分。

本年运行费用指报告期内维持危险废物集中处理厂正常运行所发生的费用。包括能源消耗、设备维修、人员工资、管理费及与危险废物集中处理厂运行有关的其他费用等，不包括设备折旧费。

本年实际处置危险废物量指报告期内调查对象将危险废物焚烧和用其他改变危险废物的物理、化学、生物特性的方法，达到减少已产生的危险废物数量、缩小危险废物体积、减少或者消除其危险成分的活动，或者将危险废物最终置于符合环境保护规定要求的填埋场的活动中，所消纳危险废物的量。

处置工业危险废物量指调查对象报告期内采用各种方式处置的工业危险废物的总量。医疗废物集中处理厂不得填写该项指标。

处置医疗废物量指调查对象报告期内采用各种方式处置的医疗废物的总量。

处置其他危险废物量指调查对象报告期内采用各种方式处置的除工业危险废物和医疗废物以外其他危险废物的总质量，如教学科研单位实验室、机械电器维修、胶卷冲洗、居民生活等产生的危险废物。医疗废物集中处理厂不得填写该项指标。

本年实际利用量指调查对象年度内容以综合利用方式处理的危险废物总质量。

本年实际填埋处置量指调查对象报告期内以填埋方式处置的危险废物总质量。

本年实际焚烧处置量指调查对象报告期内以焚烧方式处置的危险废物总质量。

废水产生量指调查对象报告期内实际产生的废水量。如果没有计量装置可按照产污系数计算产生量。

废水排放量指调查对象报告期内排放到外部的废水的总量（包括经过处理的和未经处理的）。如果没有计量装置可按照排污系数计算排放量。

废水处理量指调查对象调查年度内废水处理设施实际处理的废水总量。未经处理排入市政管网且未进入其他污水处理厂的量不计。

渗滤液污染物产生量指报告期内未经过处理的渗滤液中所含的汞、镉、铅、铬等重金属和砷、氰化物、挥发酚、化学需氧量、氨氮、总磷等污染物本身的纯质量。按年产生量填报。

渗滤液污染物排放量指报告期内排放的渗滤液中所含的汞、镉、铅、总铬等重金属和砷、氰化物、挥发酚、石油类、化学需氧量、氨氮、总磷等污染物本身的纯质量。按年排放量填报。

焚烧废气污染物产生量指报告期内危险废物焚烧过程中产生的未经过处理的废气中所含的二氧化硫、氮氧化物、烟尘和汞、镉、铅等重金属及其化合物（以重金属元素计）的固态、气态污染物的纯质量。按年产生量填报。

焚烧废气污染物排放量指报告期内危险废物焚烧过程中排放到大气中的废气（包括处理过的、未经过处理）中所含的二氧化硫、氮氧化物、烟尘和汞、镉、铅等重金属及其化合物（以重金属元素计）的固态、气态污染物的纯质量。按年排放量填报。

12.9 环境管理

当年受理行政复议案件数量指报告期内本级环保部门受理的所有行政复议案件数量（含非环保案件），包括已受理但未办结的案件；但不包含非本统计年受理而在本统计年内办理或办结的案件。

当年颁布地方性环保法规数量指报告期内由本级地方人大及其常委会颁布的新制定或者修订的，且范围限于由环保部门牵头起草或落实的地方性环保法规数量。

当年废止地方性环保法规数量指报告期内由本级地方人大及其常委会颁布废止的，且范围限于由环保部门牵头起草或落实的地方性环保法规数量。

现行有效的地方性环保法规总数指报告期内由本级地方人大及其常委会颁布的现行有效的，且范围限于由环保部门牵头起草或落实的地方性环保法规总数。

当年颁布地方性环保规章数量指报告期内由本级地方人民政府新制定或者修订，以政府令形式颁布的，且范围限于由环保部门牵头起草或落实的地方性环保规章的数量。

现行有效的地方性环保规章总数指报告期内由本级地方人民政府新制定或者修订，以政府令形式颁布的现行有效的，且范围限于由环保部门牵头起草或落实的地方性环保规章的数量。

当年发布的地方环境保护标准数量指报告期内本级环保部门组织制定的、以地方标准形式发布的环境质量标准、污染物排放（控制）标准、环境监测方法标准、环境管理规范等标准的数量。

当年全国开展强制性清洁生产审核评估企业数量指报告期内本级环保部门组织开展强制性清洁生产审核评估的企业数，包括通过评估和未通过评估的企业总数，以环保部门出具的评估意见或结论时间为准。

审批和备案的建设项目投资总额指报告期内批复和备案环评文件的建设项目投资总额，包含非本年度受理但在本年度批复环评文件的项目。

审批和备案的建设项目环保投资总额指报告期内批复和备案环评文件的建设项目环保投资总额，包含非本年度受理但在本年度批复环评文件的项目。

建设项目环评文件审批数量指报告期内批复的建设项目环境影响报告书和环境影响报告表数量，包含非本年度受理但在本年度批复的项目数量。

环境监测部门/机构数量指各级环保部门内设环境管理部门及所属环境监测机构批复数量，其中，“环境监测中心（站）机构”单独统计，并统计其中“通过检验监测机构资质认定”的机构数量；“其他环境监测类机构”包括部分地区单独设立的预警预报、生态遥感、环境监控、区域流域等功能性专业监测机构。

环境监测人员数量指各级环保部门内设环境管理部门及所属环境监测机构批复编制数量。其中，“环境监测中心（站）人员”单独统计；“其他环境监测类人员”包括部分地区单独设立的预警预报、生态遥感、环境监控、区域流域等功能性专业监测人员。并分别统计两类“通过环境监测人员持证上岗考核”的人员数量。

环境监测用房面积指开展环境监测工作所需的实验室用房、监测业务用房、监测站房等面积，包括租赁用房。

环境监测业务经费指各级环保部门环境监测业务经费保障情况。其中，本级经费包括应列入本级财政预算的人员经费、公用经费、行政事业类项目经费、能力建设项目经费及科研经费等；专项经费包括上级补助性收入、专项转移支付资金、专项课题经费等；事业收入指开展监测服务活动所取得的收入。

监测仪器设备台（套）数及原值总值指基本仪器设备、应急监测仪器设备和专项监测仪器设备等各类监测仪器设备的数量及购置总金额。

环境空气监测点位数量指按照《环境空气质量监测点位布设技术规范（试行）》建设，包含环境空气质量评价城市点、环境空气质量评价区域点、环境空气质量背景点、污染监控点、路边交通点等已建成并使用的监测点位的数量。

其中，

国控监测点位数量指位于本辖区的、由国家批准纳入国家城市环境空气质量监测网络的空气监测点位数量。

酸雨监测点位数量指研究酸雨的时空分布及长期变化的酸雨观测站点位数量。

沙尘天气影响环境质量监测点位数量指监测沙尘天气对环境质量影响的监测点位数量。

地表水水质监测断面（点位）数量指用于对江河、湖泊、水库和渠道的水质监测，包括向国家直接报送监测数据的国控网站、省级、市级、县级控制断面（或垂线）的水质监测点位（断面）数量。

其中，

国控断面（点位）数量指位于本辖区的、由国家组织实施监测的，为反映水体水质状况而设置的监测点位数量。

集中式饮用水水源地监测点位数量指用以监控水源水质变化情况及趋势，为防控风险而设立的监测断面，包括地表水饮用水水源地和地下水饮用水水源地的监测点位数量。

其中，

地表水监测点位数量指位于本辖区的、为反映地表水集中式饮用水水源地水质状况而设置的监测点位数量。

其中，

地下水监测点位数量指位于本辖区的、为反映地下水集中式饮用水水源地水质状况而设置的监测点位数量。

近岸海域监测点位数量指按照《近岸海域环境监测点位布设技术规范》建立，为监测近岸海域环境质量、污染来源及影响而设置的监测点位（断面、排口），包含环境质量监测点位、环境功能区监测点位、潮间带环境质量监测点位、陆域直排海污染源监测点位、入海河流监测断面、海滨浴场监测点位、应急监测点位等的数量。

其中，

近岸海域环境功能区点位数量指位于本辖区的、为反映近岸海域功能区环境质量而布设的监测点位数量。与近岸海域环境质量点位重合的点位应分别统计。

近岸海域环境质量点位数量指位于本辖区的、为反映近岸海域环境质量而布设的环境监测点位数量。与近岸海域环境功能区监测点位重合的点位应分别统计。

开展环境噪声监测的监测点位数量指区域噪声、道路交通噪声、功能区环境噪声监测点位数量的总和。

其中，

区域环境噪声监测点位数量指为评价城市环境噪声总体水平而布设的、本级承担监测任务的监测点位数量。

道路交通噪声监测点位数量指为评价城市道路交通噪声总体水平而布设的、本级承担监测任务的监测点位数量。

功能区环境噪声监测点位数量指为评价声环境功能区昼、夜间达标情况而布设的、本级承担监测任务的监测点位数量。

开展污染源监督性监测的重点排污单位数量指按照相关要求开展污染源监督性监测的重点排污单位数量。

自然保护区个数指报告期内辖区内各级别各类型自然保护区的数量。

自然保护区面积指报告期内辖区内各级别各类型自然保护区的面积。

保护区面积占辖区面积比指报告期内辖区内各级别各类型自然保护区陆地面积占辖区陆地面积的比例。

辐射环境监测用房面积指开展环境监测工作所需的实验室用房、监测业务用房、监测站房等面积，包括租赁用房。

监测仪器设备台套数及原值总值指基本仪器设备、应急监测仪器设备和专项监测仪器设备等各类监测仪器设备的数量及购置总金额。

已实施自动监控的重点排污单位数量指根据污染源自动监控工作进展情况，至报告期末在环保部门污染源监控中心已经实现自动监控的重点排污单位数量。

已实施自动监控的重点排污单位中水排放口数量指已实施自动监控重点排污单位中，环保部门污染源监控中心能够实施自动监控的水排放口数量。

已实施自动监控的重点排污单位中气排放口数量指已实施自动监控重点排污单位中，环保部门污染源监控中心能够实施自动监控的气排放口数量。

已实施自动监控的重点排污单位中化学需氧量监控设备与环保部门稳定联网数量指已实施自动监控重点排污单位中，其化学需氧量自动监控设备正常运行、自动监控数据（浓度和排放量）能通过数据采集与传输设备与环保部门污染源监控中心稳定联网报送的企业数量。

已实施自动监控的重点排污单位中氨氮监控设备与环保部门稳定联网数量指已实施自动监控重点排污单位中，其氨氮自动监控设备正常运行、自动监控数据（浓度和排放量）能通过数据采集与传输设备与环保部门污染源监控中心稳定联网报送的企业数量。

已实施自动监控的重点排污单位中二氧化硫监控设备与环保部门稳定联网数量指已实施自动监控重点排污单位中，其二氧化硫自动监控设备正常运行、自动监控数据（浓度和排放量）能通过数据采集与传输设备与环保部门污染源监控中心稳定联网报送的企业数量。

已实施自动监控的重点排污单位中氮氧化物监控设备与环保部门稳定联网数量指已实施自动监控重点排污单位中，其氮氧化物自动监控设备正常运行、自动监控数据（浓度和排放量）能通过数据采集与传输设备与环保部门污染源监控中心稳定联网报送的企业数量。

已实施自动监控的重点排污单位中烟尘监控设备与环保部门稳定联网数量指已实施自动监控重点排污单位中，其烟尘自动监控设备正常运行、自动监控数据（浓度和排放量）能通过数据采集与传输设备与环保部门污染源监控中心稳定联网报送的企业数量。

实有环境监察执法人员数量指报告期内，本级环境监察执法机构实有在岗工作人员数量。不包括借调到其他部门、长期休假等人员。

持有环境监察执法证件人员数量指报告期内，本级环境监察执法机构中，持有有效的环境监察执法证件的执法人员数量。

纳入日常监管随机抽查信息库的污染源数量指报告期内，本级环保部门按照《关于在污染源日常环境监管领域推广随机抽查制度的实施方案》要求，列入本级污染源日常监管动态信息库的排污单位数量。

日常监管随机抽查污染源数量指报告期内，本级环保部门按照《关于在污染源日常环境监管领域推广随机抽查制度的实施方案》要求，在日常监管中随机抽查污染源的数量。

下达处罚决定书数量指报告期内，本级环保部门下达行政处罚决定书的数量。

罚没款数额指报告期内，本级环保部门罚没款的总额。

当年突发环境事件发生数量指报告期内本级环保部门处置的所有突发环境事件数。包括已处置但未办结的突发环境事件，但不包含非本统计年发生而在本统计年内处置或办结的突发环境事件。

地级以上城市启动重污染天气应急预案频次指按季度统计行政区内各地级以上城市启动各级别应急预案的次数、持续天数。

本级环保能力建设资金使用总额指本级使用的当年已完成的用于提升水污染防治、大气污染防治、固体废物污染防治、土壤污染防治、生态保护以及核与辐射安全等生态环境保护各领域的环境监测、环境执法、环境预警与应急、环境信息、环境科技、环境宣教等各方面能力的购置固定资产投资。其中本级包含各级环境保护行政主管部门及各类环境保护事业单位。

其中，

水污染防治能力建设资金使用总额指用于水污染防治领域水环境监测仪器设备购置、水质自动监测站点建设、废水排放在线监控设施建设、水污染调查取证监督执法能力建设、水环境监测预警能力建设、水污染环境应急设备装备购置、水污染防治科技与宣教等各类能力建设投入资金。

大气污染防治能力建设资金使用总额指用于大气污染防治领域大气环境监测仪器设备购置、大气自动监测站点建设、废气排放在线监控设施建设、大气污染调查取证监督执法能力建设、大气环境监测预警预报能力建设、大气污染环境应急设备装备购置、大气污染防治科技与宣教等各类能力建设投入资金。

固体废物污染防治能力建设资金使用总额指用于固体废物污染防治领域固体废物监测鉴别仪器设备购置、固体废物信息化管理能力建设、固体废物污染防治科技与宣教等各类能力建设投入资金。

噪声污染防治能力建设资金使用总额指用于噪声污染防治领域声环境质量监测仪器设备购置、噪声在线监测站点建设、噪声隔离与防护能力建设、噪声污染防治信息化管理能力建设、噪声污染防治科技与宣教等各类能力建设投入资金。

土壤污染防治能力建设资金使用总额指用于土壤污染防治领域土壤环境质量监测仪器设备购置、土壤污染状况调查取证及监督执法能力建设、土壤污染环境应急设备装备购置、土壤环境信息化管理能力建设、土壤污染防治科技与宣教等各类能力建设投入资金。

生态保护能力建设资金使用总额指用于生态保护领域生态遥感监测能力与生物多样性地面观测能力建设、生态环境质量调查评估能力建设、生态管护与监督执法能力建设、生态保护监管信息化建设、生态保护科技与宣教等各类能力建设投入资金。

核与辐射安全环境保护能力建设资金使用总额指用于核与辐射安全领域核与辐射环境监测仪器设备购置、辐射环境自动监测能力建设、重要核设施周边监督性监测能力建设、核与辐射监督执法能力建设、核与辐射应急监测调度平台及应急设备装备建设、核与辐射监管信息化建设、核与辐射安全环境保护科技与宣教等各类能力建设投入资金。

环境监管运行保障资金使用总额指各级监测、监察、核与辐射安全、宣教等机构开展污染源与总量减排监管、环境监测与评估、环境信息等业务发生的环境监管运行保障经费。不包含固定资产。

当年完成环保验收项目总投资指调查度完成环保验收项目工程总投资的汇总数额。

当年完成环保验收项目环保投资指调查年度完成环保验收项目环保投资的汇总数额。

生态影响类项目指交通运输（公路，铁路，城市道路和轨道交通，港口和航运，管道运输等）、水利水电、石油和天然气开采、矿山采选、电力生产（风力发电）、农业、林业、牧业、渔业、旅游等行业和海洋、海岸带开发、高压输变电线路等主要对生态造成影响的建设项目。

城市基础设施项目指根据《建设项目环境影响评价分类管理目录》，城市基础设施建设项目包括城市基础设施及房地产（U类）中煤气生产和供应，城市天然气供应，热力生产和供应，自来水生产和供应，生活污水集中处理，工业废水集中处理，海水淡化、其他水处理利用，管网建设，生活垃圾集中转运站，生活垃圾集中处置，城镇粪便处理，危险废物（含医疗废物）集中处置，仓储，城镇河道、湖泊整治以及废旧资源回收加工再生类别的建设项目。

工业企业项目指根据《建设项目环境影响评价分类管理目录》，工业企业项目包括煤炭（D类），电力［E类，不含其他能源发电、送（输）变电工程类别］，黑色金属（G类），有色金属（H类），金属制品（I类），非金属矿采及制品制造（J类），机械，电子（K类），石化，化工（L类），医药（M类），轻工（N类），纺织化纤（O类）类别的建设项目。

新增废水处理设施能力指建设项目新增的废水处理设施处理能力，数据来源于建设项目竣工环境保护“三同时”验收登记表。

新增废气处理设施能力指建设项目新增的废气处理设施处理能力，数据来源于建设项目竣工环境保护“三同时”验收登记表。